Sandra Rutz

Form FUNKTION *Fitness*

Ganzheitliches Training für Sport und Physiotherapie beim Hund

Konrad-Zuse-Straße 3, D-54552 Nerdlen/Daun
Telefon: 06592 957389-0
www.kynos-verlag.de

Grafik & Layout: Kynos Verlag
Gedruckt in Lettland

3. Auflage 2024

ISBN 978-3-95464-220-5

Bildnachweis: Alle Fotos www.Tierfotografie-Winter.de außer siehe Bildnachweis S. 315
Grafiken: Kerstin Schubert, Sandra Rutz, Kynos Verlag

Inhaltsverzeichnis

Vorwort

Wir wünschen uns einen gesunden, ausgeglichenen und leistungsfähigen Hund bis ins hohe Alter. Daher kommen wir nicht umhin, den Hund als Ganzes zu sehen und nicht nur einzelne Trainingspunkte oder Körperpartien zu trainieren.

Um ein Verständnis von Struktur, Bewegung, Defizit und Zielsetzung zu schaffen, ist es mir als Autorin sehr wichtig, ein Bewusstsein für genau diese Zusammenhänge zu wecken, ohne Sie dabei beim Lesen zu langweilen.

Dieses Buch soll Struktur und Abwechslung in Ihr Training bringen und Ihnen einen besseren Fokus auf die wichtigen Aspekte im Training ermöglichen. Es bietet Wissen um alle wichtigen Trainingsprinzipien, Hauptbeanspruchungsformen und Trainingsschwerpunkte, die in einem zielführenden Training Beachtung finden sollten.

Im praktischen Teil finden Sie zahlreiche Übungen, die sowohl für Anfänger als auch fortgeschrittene Teams geeignet und im Alltag gut umsetzbar sind.

Es soll Hundetrainern, Hundefitnesstrainern, Hundephysiotherapeuten sowie allen interessierten Hundefreunden als wertvolles Nachschlagewerk für ganzheitlich orientiertes Fitnesstraining dienen.

Im Laufe meiner Zeit als Hundefitnesstrainerin musste ich feststellen, dass nach Erscheinen des ersten Buches – Praxisbuch Hundefitness – einige Fragen offengeblieben sind. Auch konnte ich mir durch zahlreiche selbst besuchte Seminare einiges an Wissen aneignen, was dazu beiträgt, Trainingspläne zu verbessern und effizienter zu gestalten. Das erworbene Wissen habe ich in Form dieses Buches aufgearbeitet und im Sinne des ganzheitlichen Hundefitnesstrainings optimiert.

Es enthält das Wissen des ersten Buches „Praxisbuch Hundefitness" und ergänzt dieses um wissenschaftliche Neuerungen im Bereich der Hundefitness.

Ich wünsche Ihnen nun viel Spaß beim Lesen sowie beim Erarbeiten eines individuellen Trainingsplanes für Ihren Hund oder einen Ihnen anvertrauten vierbeinigen Trainingskollegen.

Ihre Sandra Rutz

Danksagung

Mein größter Dank gilt meinem Ehemann Marc, der mich nicht nur in allem unterstützt, sondern mittlerweile auch meine Leidenschaft für das Hundefitnesstraining teilt. Unsere Hunde Kylie und June mussten leider für diese Passion viel Zeit entbehren. Sie, genau wie auch unsere erst kürzlich verstorbene Hündin Cate, waren mir bei der Entstehung des Buches eine große Hilfe.

Ich möchte außerdem meiner geschätzten Kollegin Eva Vögele ganz herzlich für ihre vielen Impulse danken. Sie wird sich an einigen Stellen im Buch wiederfinden.

Ein besonderer Dank geht auch an unser Ausbildungsteam Sabrina-Katharina Mendlik, Joachim Auer und Sabine Hàrrer für den fachlichen Input, sowie Martina Domlatil und Sascha Mayer, die den Feinschliff dieses Buches übernommen haben.

Danke möchte ich auch unseren Freunden und Kollegen von Taktrein, Tierphysio Feist, der Tierarztpraxis Verbancic und dem SHZ Suchhundezentrum sowie allen Patientenbesitzern, Kursteilnehmern, Hundefitnesstrainern und Hundefitnesstherapeuten sagen, die ich auf ihrem Weg begleiten durfte und die mich mit vielen Ideen gefüttert haben.

Außerdem möchte ich mich bei Dr. Andreas Zohmann bedanken, der maßgeblich an meinem Werdegang Schuld hat.

Ein herzliches Dankeschön auch an das Team vom Kynos-Verlag, insbesondere Kerstin Schubert für die Gestaltung und der Tierfotografie Winter für ihre großartige Arbeit, durch die dieses Buch so schön bunt geworden ist.

Schließlich möchte ich mich noch bei meinen zweibeinigen und vierbeinigen Helfern und Hundefreunden, die mich so toll beim Fotoshooting unterstützt oder mir ihr Bildmaterial zur Verfügung gestellt haben, bedanken.

Zum Geleit

Während sich die Autorin im „Praxisbuch Hundefitness" eher spielerisch (jedoch absolut seriös) dem Bewegungsapparat unserer Hunde nähert, ist die hier vorliegende Publikation aus ihrem grundlegenden Selbstverständnis und ihrer Berufung als Tierphysiotherapeutin entstanden.

Es brauchte geraume Zeit, bis die Sinnhaftigkeit des Einsatzes von Massage und Krankengymnastik Anerkennung fand im veterinärmedizinischen Alltag – und das heute bei weitem noch nicht überall!

Wir müssen uns dessen bewusst sein, dass das Haustier – und hier vor allem Hund und Katze – zunehmend an Bedeutung gewinnt in einer Zeit, in der die Großfamilie kaum mehr existiert und Kinder in so manche Lebensentwürfe eher später oder gar nicht mehr eingeplant sind.

Der seriöse Umgang mit dem Partner Hund in Prophylaxe und Therapie ist höchst an der Zeit und dazu trägt dieses Buch erheblich bei!

Noch eine ganz persönliche Anmerkung: Ein bisschen Stolz kommt auf, wenn man beobachten darf, wie sich ehemalige Schüler zu veritablen Therapeuten (und Autoren) entwickeln!

Ich wünsche diesem Buch eine große Verbreitung und eine gute Umsetzung des Vermittelten!

Dr. med. vet. Andreas Zohmann
Leitender Tierarzt im Vierbeiner Rehazentrum Bad Wildungen
Fachtierarzt für Akupunktur und Neuraltherapie
Zusatzbezeichnung (D) Physikalische Medizin/Physiotherapie & Akupunktur

Über die Autorin

Sandra Rutz lebt schon immer mit Hunden zusammen. Auch beruflich umgibt sie sich stets mit Vierbeinern aller Art. Sie hat zwanzig Jahre lang als tiermedizinische Fachangestellte gearbeitet und 2010 ihren Abschluss zur Tierphysiotherapeutin für Kleintiere im Vierbeiner-Rehazentrum in Bad Wildungen abgeschlossen. Weiterhin ist sie ausgebildet in struktureller caniner Osteopathie, geprüfte Sporthundetherapeutin und hat zwei zertifizierte Ausbildungen zur Mantrailing-Trainerin absolviert.

Sandra Rutz ist Inhaberin der Praxis „Hundephysio Kressbronn" sowie von „Dogfitsports", dem Ausbildungszentrum für Hundefitness.

Seit 2017 widmet sie sich immer stärker der Dozententätigkeit und gibt Workshops für Hundebesitzer und Physiotherapeuten. Außerdem bildet sie zusammen mit ihrem Team Hundefitnesstrainer und Hundefitnesstherapeuten aus.

Weiterhin ist sie Autorin des Buches „Praxisbuch Hundefitness", das 2018 beim Kynos-Verlag erschienen ist.

Weitere Informationen finden Sie auf ihrer Homepage:
www.dogfitsports.de

ANATOMISCHE UND PHYSIOLOGISCHE GRUNDLAGEN

Um unsere eigenen oder die Hunde von Kunden im wahrsten Sinne des Wortes ganzheitlich begreifen zu können, benötigen wir gewisse Grundkenntnisse in Anatomie, Physiologie und Biomechanik sowie eine kleine Exkursion in die Krankheitslehre und deren Krankheitsgeschichten. Es kann nur dann ein ganzheitlich optimaler Trainingsplan erstellt werden, wenn der Körper auch als Ganzes betrachtet und erkannt wird, welche Strukturen sich gegenseitig bedingen und wie auf Bewegungsabläufe positiv eingewirkt werden kann.

Vor der Bewegung war die Struktur …

Um physiologische Bewegung zu erzeugen, braucht es ein funktionierendes Gehirn, auf- und absteigende Nervenbahnen, einen stabilen Bewegungsapparat mit maximaler Gelenkbeweglichkeit sowie ein gesundes Muskelsystem und die dazugehörigen Bindegewebsstrukturen.

Das Muskelsystem mit seinen Arbeitsweisen und dem umgebenden Bindegewebe, das einen sehr wichtigen Anteil der Fortbewegung übernimmt, sollte dabei genauer betrachtet werden.

Das Muskelsystem

Die Muskulatur wird in drei Grundtypen eingeteilt:

» die quergestreifte Muskulatur (Skelettmuskulatur)
» das Herzmuskelgewebe
» die glatte Muskulatur (Gefäße, Magen-Darmtrakt)

Eine aktive Bewegung kommt vereinfacht gesagt durch einen Wechsel von Anspannung und Erschlaffung der quergestreiften Muskulatur zustande, wobei auch die Faszien eine große Rolle spielen. Hierzu aber später mehr (siehe Seite 27).

Muskelzellen reagieren auf Nervenreize. Sie sind *kontraktil* – können sich also verkürzen. Des Weiteren sind sie auch sehr elastisch und kehren nach ihrer Aktivität oder nach einer Dehnung wieder in ihre ursprüngliche Position zurück.

Für die Bewegung eines Gelenks braucht es einen *Agonisten* (Spieler) und einen *Antagonisten* (Gegenspieler). Soll beispielsweise der Ellbogen gebeugt werden, muss sich der M. biceps brachii anspannen und sein Gegenspieler auf der gegenüberliegenden Seite, der M. triceps brachii, nachlassen. Nur durch dieses Zusammenspiel kommt Bewegung zustande. Würden beide Muskeln gleichzeitig anspannen, würde man von einer isometrischen Muskelarbeitsweise sprechen. Dabei kommt keine Muskelverlängerung zustande und somit auch keine Gelenkbeweglichkeit.

In Befundungen fällt häufig ein Ungleichgewicht von Agonist und Antagonist auf. Hier sollte auf einen harmonischen Ausgleich hin trainiert werden.

Muskelzellen – Das Wichtigste auf einen Blick

Muskelzellen ...

- ... können sich kontrahieren (zusammenziehen)
- ... sorgen für eine aktive Bewegung des Körpers
- ... sind wichtig für Stabilität und Spannung in der Körperhaltung
- ... sorgen für Wärmeproduktion
- ... liefern Energie

Soll sich ein Muskel kontrahieren (zusammenziehen), muss er von einer Nervenzelle einen Reiz erhalten. Dieser Nervenzellentyp heißt *Motoneuron*. Die Erregungsübertragung von Nervenzelle zur Muskelfaser findet in einer speziellen *Synapse* statt – der motorischen Endplatte. An dieser Stelle kommt es zu einer chemischen Übertragung, die von einem Botenstoff eingeleitet wird. Dies geschieht aufgrund einer elektrischen Ladungsverschiebung an der Synapse.

Bei einem Hund mit einer neurologischen Erkrankung stellt sich die Frage, ob das Zielorgan Muskel überhaupt informiert werden kann. Beispielsweise kann dieser durch ein Ödem, Knochenzubildungen oder sonstige Beeinträchtigungen des Nervengewebes gehindert sein. In diesem Fall müssten erst die Nerven angebahnt – also aufgeweckt und aktiviert – werden, sofern dies möglich ist. Hierbei kann der Physiotherapeut seinen Dienst aufnehmen und gegebenenfalls Tipps weitergeben.

Muskelfaserarten

Es gibt verschiedene Muskelfaserarten, die auf ganz unterschiedliche Weise arbeiten.

Slow-twitch Muskelfasern:

Diese Muskelfasern kontrahieren langsam und brauchen immer eine ausreichende Sauerstoffversorgung. Dadurch können sie, wie zum Beispiel bei Distanzläufen (Schlittenhunderennen), über einen längeren Zeitraum arbeiten. Sie befinden sich überall an den Muskeln der Gliedmaßen.

Fast-twitch Muskelfasern:

Diese Muskelfasern werden in hoch-oxidative Muskelfasern und niedrig-oxidative Muskelfasern unterteilt. Die hoch-oxidativen Muskelfasern verfügen über einen hohen *Myoglobingehalt* und sind befähigt, viel Sauerstoff aufzunehmen. Sie werden für eine ausdauernde und kraftvolle Leistung benötigt.

Niedrig-oxidative Muskelfasern haben einen geringen Myoglobingehalt (weiße Fasern) und benötigen wenig Sauerstoff. Sie reagieren schnell und können auf kurze Distanz explosive Schnellkraft erzeugen. Windhunde sind an den Hinterbeinen mit vielen dieser weißen Muskelfasern ausgestattet.

Muskelarbeitsweisen

Die Tatsache, dass es unterschiedliche Kontraktionsformen der Muskulatur gibt, sollte zuerst betrachtet werden, bevor mit dem Training begonnen werden kann.

Unter normalen Umständen kontrahieren immer einige Muskelfasern, während andere entspannt sind – jedoch nicht so viele, dass eine Bewegung erzeugt wird (*Muskeltonus/Muskelgrundtonus*).

In Sport und Fitness kann der Hund Widerstände überwinden, ihnen entgegenwirken, sie statisch halten oder einfach nur die Muskulatur ohne jegliche Widerstände von außen oder Geräteeinsatz anspannen. Die Kraft des Muskels ist abhängig von seiner physiologischen Querschnittsfläche. Je kleiner der Hund, desto höher ist die Querschnittsfläche des Muskels. Daher sind kleinere Hunde meist geschickter und leistungsfähiger im Sport, wie z. B. Agility.

Exzentrisch:

Bei dieser Form wird der Muskel unter Anspannung gestreckt, um einem beliebigen Widerstand entgegenzuwirken. Ein gutes Beispiel wäre ein langsames Hinsetzen. Diese Arbeitsweise limitiert und bremst eine Bewegung.

MERKE

Exzentrische Muskelarbeit sorgt für Kraftzuwachs und Stabilität. Konzentrische Muskeltätigkeit verbessert die Durchblutung und steigert den Stoffwechsel der Muskulatur.

Konzentrisch:

Diese Kontraktionsform steht für klassische Muskelarbeit und geschieht zum Beispiel beim „High Five", also dem aktiven Beugen des Ellbogens. Hierbei werden durch das Verkürzen des Muskels Widerstände überwunden.

Isometrisch:

Dabei kommt es zu einem statischen Halten unter Anspannung, ohne dass sich die Länge des Muskels verändert. Das Halten eines Liegestützes oder das Biermaßstemmen verdeutlicht diese Anspannung beim Menschen. Deshalb wird das isometrische Training auch als statisches Training bezeichnet. Der Hund führt dabei keine Bewegung aus. Ein Beispiel könnte die leichte Gewichtsverlagerung auf einem Wippbrett sein. Das heißt aber nicht, dass diese Übungen nicht anstrengend wären.

Isotonisch:

Hierbei kommt es zu einer Längenveränderung des Muskels. Die Muskelspannung ändert sich dabei nur wenig - wie zum Beispiel, wenn jemand ein Blatt Papier vor sich aufnimmt oder beim einfachen Gehen des Hundes.

Muskelarbeitsweisen am Beispiel „Stationieren am Schrägbrett".

Aufwärtsbewegung aus der Sitzposition – konzentrische Phase.
Die Aufwärtsbewegung wird durch den M. quadrizeps femoris (grün) konzentrisch ausgeführt. Die Intensität kann man über ein erhöhtes Setting für die Vorderhand (Stange oder Hocker) erhöhen, sofern sich der Hund aktiv aus der Hinterhand nach oben schiebt und nicht über die Vorderhand nach oben stemmt.

Abwärtsbewegung in die Sitzposition – exzentrische Phase.
Bei der Abwärtsbewegung kann man die Ischiocruralmuskeln (grün) exzentrisch ansprechen. Man kann das Training intensiver gestalten, indem man den Hund langsam in die Sitzposition lässt und somit die Spannung etwas länger hält.

Im Training wird in den seltensten Fällen die Muskulatur in einer Reinform kontrahiert. Meist ist es eine dynamische Mischform – also eine *auxotonische Kontraktionsform.* Dies bedeutet, dass Länge und Spannung ständig verändert werden. Ein Beispiel hierfür ist das sensomotorische Training auf dem Balance-Pad.

Bei dieser Übung wird klar, wie wichtig ein gezieltes Training, das Wissen um die unterschiedlichen Muskelarbeitsweisen sowie das Ergebnis, das wir mit unserer Übung erreichen möchten, sind.

Bei der Übung am Schrägbrett soll der Hund entweder seitlich das Brett anlaufen, um dort zu stationieren, oder er wird von hinten herangeführt (siehe Bild Seite 23). Die Endstellung ist jeweils die gleiche. Die Herangehensweise jedoch hängt vom Leistungsstand des Hundes und von der Vorliebe des Trainierenden ab.

Wenn man sich nun nur auf die Hinterhand konzentriert, gibt es ein stabilisierendes Bein, das isometrisch arbeitet (das Standbein) und ein Bein, das konzentrisch arbeitet und angehoben wird, um dann am Brett zu stationieren. In dieser Endposition arbeiten beide Hinterbeine dann isometrisch.

Binde- und Stützgewebe

Ganz grob zusammenfassend kann gesagt werden, dass Binde- und Stützgewebe entscheidend an der Formgebung und -erhaltung des Körpers beteiligt sind. Das Bindegewebe wird unterteilt in das lockere, das straffe und das retikuläre Binde- sowie das Fettgewebe. Das Stützgewebe wird in Knorpel und Knochen unterteilt, wobei genau genommen das Stützgewebe ebenfalls Bindegewebe ist. Alle Bindegewebsarten bestehen aus unterschiedlichen Anteilen an Zellen, Fasern und der Grundsubstanz, die sich zwischen den Zellen befindet und sich als gleichmäßige kittartige Masse darstellt. Diese ist sehr wichtig für den Austausch zwischen Zellen und Blut.

Bei den Stützgeweben hat die Grundsubstanz hauptsächlich eine mechanische Funktion. Das Bindegewebe ist in ständigem Austausch mit den benachbarten Geweben. Dies macht es so wichtig für den Körper.

Hauptthema sind hierbei die Faszien, da diese zusammen mit den Muskeln im Training am besten beeinflusst werden können. Aber selbstverständlich wird auch auf andere Strukturen im Körper Einfluss genommen.

Gelenkaufbau und -funktion

Es gibt verschiedene Gelenkarten, die unterschiedlich stark beweglich sind – nämlich in einer oder mehreren Ebenen. Des Weiteren gibt es sogenannte „unechte" Gelenke, die straff und deren Gelenkpartner nur durch Bindegewebe verbunden sind wie zum Beispiel die Iliosakralgelenke.

Eine Funktionseinheit eines klassischen Gelenks, wie zum Beispiel des Hüftgelenks, setzt sich aus folgenden Anteilen zusammen:

- zwei knöcherne Gelenkpartner überzogen von *hyalinem Knorpel*
- der Gelenkkapsel
- der Gelenkhöhle
- der Gelenkschmiere (Synovia)

Zur Stabilisierung werden die Gelenke von kurzen Bändern sowie von Disken (Wirbelsäule), Menisken (Kniegelenk) und an manchen Stellen im Körper auch durch Schleimbeutel ergänzt, die die Gleitfähigkeit ermöglichen.

Gelenke entwickeln und erhalten sich über physiologische Druckbe- und -entlastung, bei der die Gelenkknorpel im Gelenk eine große stoßdämpfende Funktion übernehmen. Der Gelenkknorpel besteht zu 70-80 % aus Wasser und funktioniert wie ein Schwamm, der unter größter Druckbelastung Flüssigkeit auspresst, um in der Entlastungsphase wieder Flüssigkeit und Nährstoffe aufzusaugen. Man kann sich dies wie ein Druckpumpensystem vorstellen.

Der Knorpel selbst verfügt über keine Blutversorgung und wird zum Teil über die Gelenkschmiere, aber auch über den darunterliegenden Knochen versorgt. Daher ist der Gelenkknorpel kaum fähig, sich zu regenerieren. Achsenabweichung, Instabilität oder mechanische Überlastung führen zu einem frühen Verschleiß bis hin zu gravierenden Veränderungen des Gelenks verbunden mit Schmerzen.

Die wichtigsten Gelenke

Man könnte sagen „Gelenke mit viel Bewegungsspielraum retten die Situation der Immobilität". Aber was ist, wenn diese Gelenke einem „Baufehler" unterliegen oder anderweitig eingeschränkt sind?

Angenommen, ein Hund leidet an einer Problematik im Schultergelenk und kann folglich nicht das volle Bewegungsausmaß ausnutzen, sind Folgen für die distalen Gelenke (Ellbogen, Mittelhand, Zehen) nicht auszuschließen. Trägt ein Hund im gegenteiligen Fall sehr lange Zeit einen Stützverband an der Pfote oder wird im Sport durch eine Neoprenbandage „unterstützt", ist das Ergebnis entsprechend gegengesetzt. Da die Stoßdämpfung im unteren Bereich ausfällt, hat dies Auswirkungen auf die restlichen oberen Gelenke. Das Karpalgelenk gehört zwar nicht zu den großen Gelenken, fängt aber in der Landephase des Hundes sehr viel Stoß ab. Dies liegt daran, dass die Bänder und Sehnen um das Karpalgelenk sehr elastisch sind und nachgeben.

Nachfolgend sind die wichtigsten Gelenkarten/-typen mit ihren Möglichkeiten der Gelenkbewegung aufgelistet. Dadurch kann das gesamte Bewegungspotenzial ausgeschöpft sowie die physiologischen Einschränkungen der weniger beweglichen Gelenktypen erkannt werden.

Wichtige Gelenkarten/-typen

- Das *Schultergelenk* (Articulatio humeri) ist ein Kugelgelenk und in drei Achsen beweglich.
- Das *Ellbogengelenk* (Articulatio cubiti) ist ein Scharniergelenk und bewegt sich hauptsächlich in einer Achse in Beugung und in Streckung, aber auch etwas Rotation ist möglich.
- Das *Karpalgelenk* (Articulatio carpi) setzt sich aus vielen kleinen Knochen und Gelenkarten zusammen und fungiert hauptsächlich als Stoßdämpfer.
- Das ***Hüftgelenk*** (Articulatio coxae) ist ein Kugelgelenk und in drei Achsen gut beweglich.
- Das ***Kniegelenk*** (Articulatio genus) setzt sich aus dem Kniekehlgelenk, einem Schlittengelenk (Kniescheibengelenk) und einem inkongruenten Spiralgelenk, das durch zwei Menisken „passend" gemacht wird, zusammen. In der Bewegung kann es beugen, strecken und rotieren.
- Das *Sprunggelenk* (Articulatio tarsi) ist wie das Karpalgelenk durch mehrere Knochen zusammengesetzt und wird durch straffe Gelenke (Bänderverbindungen) und Scharniergelenke gebildet. Die Hauptaufgaben sind in der Bewegung das Beugen und Strecken.

Die Faszien

Bewegung ist viel mehr als Muskelursprung und Muskelansatz, die sich aufeinander zu bewegen. Mittlerweile ist dies weitläufig bekannt und langsam löst sich das engstirnige Bild, das bisher üblicherweise vorherrschend war, auf.

Heutzutage sind Faszien in aller Munde – gerade so, als ob es sie vorher nie gegeben hätte. Sie sind nicht nur sinnloses Bindegewebe, das man in einer Operation zerreißt, um sich eine bessere Übersicht zu verschaffen, oder einfach lästiges Beiwerk bei der Fleischzubereitung in der Küche. Zum Glück hat man erkannt, dass Therapeuten über die Grenzen des isolierten Muskels und dessen Trainings hinausdenken müssen.

Aber was sind Faszien?

Faszien sind bindegewebige Hüllen, die all unsere Organe, Muskeln, Knochen und Nerven umgeben. Auch dazwischen gibt es viele Verbindungen und Trennschichten aus Bindegewebe, denen wichtige Funktionen zukommen.

Sie bestehen hauptsächlich aus Proteinen und Wasser, wobei sich je nach Funktion die Zusammensetzung unterscheidet.

Die Kollagene sind der wichtigste Bestandteil. Durch ihre hohe Dehnbarkeit und eine enorm große Reißfestigkeit kann ihre Zugfestigkeit mit der von Stahl verglichen werden.

Ein weiterer Bestandteil ist Elastin, das sich durch eine besonders hohe elastische Fähigkeit auszeichnet. Wichtig zu nennen sind auch die Bindegewebszellen, die die Fasern der Faszien produzieren. Sie reagieren auf Belastungen und tauschen je nach Bedarf Fasziengewebe aus. Bindegewebszellen scheiden außerdem Enzyme und Botenstoffe aus und kommunizieren so mit anderen Zellen. Zuletzt sei noch die Matrix – die die Fasern und die Bindegewebszellen umgibt – angeführt. Hier finden wir Abwehr-, Lymph- und Fettzellen sowie Blutgefäße, Nervenendigungen und Wasser.

Unter einer *Myofaszie* wird eine untrennbare Verbindung zwischen Muskelgewebe (myo-) und umgebendem Bindegewebe, also die bekannte zarte, weißliche und glänzende Haut, die jeden Muskel umhüllt, verstanden.

Auch die Informationsweiterleitung über längere Strecken darf nicht außer Acht gelassen werden. Wird eine Muskelpartie trainiert, wird immer auch Einfluss auf Gefäße und Nerven, die wiederum Informationen an entferntere Orte weiterleiten, genommen. Dies mag im ersten Moment zu komplex und undefiniert erscheinen. Doch genau diese anatomischen Spannungslinien können im Training auch zu Hilfe genommen werden, um einen neuen Blick auf viele gesundheitliche Problematiken zu legen.

Faszien – Das Wichtigste auf einen Blick

Faszien ...

- ... sind Bindegewebe
- ... durchziehen den ganzen Körper und regulieren die gesamte Biomechanik
- ... formen, bewegen, versorgen und kommunizieren
- ... lassen sich über Training beeinflussen
- ... Verklebungen können Schmerzen auslösen

Das Nervensystem und die Bewegung

Das Nervensystem hat die Aufgabe, Bewegungen zu koordinieren. Ein Welpe muss sich anfangs sehr konzentrieren, um nicht aus dem Gleichgewicht zu geraten. Später sind diese Bewegungsabläufe automatisiert. Bewegungsabläufe und Tricks werden geübt, damit diese später ebenfalls automatisiert ablaufen.

Die sensiblen Nervenfasern

Sensible Nervenfasern umfassen das periphere Nervensystem und befinden sich überall im Körper. Diese Nervenfasern registrieren Reize und Einflüsse aus der Umwelt. Erfährt ein Hund einen Schmerzimpuls oder verliert das Gleichgewicht, so wird diese Information sofort über die sensiblen Nervenfasern zum Rückenmark und wiederum zum Gehirn geleitet, wo diese dann verarbeitet werden.

Die sensiblen Nervenfasern werden beispielsweise auch bei der Massage oder einer Sensorik-Bahn, über die unser Hund gehen soll, angeregt.

Die motorischen Nervenzellen

Um das Bewegungsausmaß und die Kraft zu regulieren, ist ein gutes Zusammenspiel zwischen Zentralnervensystem und Muskulatur notwendig. Dieses System kann man sich im Koordinationstraining zu Nutze machen. Wenn eine anspruchsvolle Übung häufig in die Trainingsplanung integriert wird, verbessert sich dadurch die Steuerung der Muskeln durch die Nerven. Hierbei werden mehr Motoneuronen gebildet und außerdem die Zahl der Muskelfasern erhöht. Dem Hund fällt die Übung immer leichter und der Körper kommt mit dieser körperlichen Anforderung zunehmend besser zurecht.

Die Propriozeptoren

Diese Rezeptoren schützen den Körper vor Verletzungen, Überdehnungen und zu großen Belastungen. Sie befinden sich in Muskeln, Sehnen und Gelenkkapseln und reagieren auf Zug und Druck. Ohne diese kleinen Fühler wäre weder Bewegung noch einfaches Stehen möglich.

Kurz und knapp

Knochen sind der Hauptstabilisator des Bewegungsapparates

Gelenke stabilisieren im Stand und ermöglichen die Beweglichkeit in der Dynamik

Muskulatur sorgt für die Statik und dient der Dynamik

Rezeptoren dienen der Schutzfunktion, Haltung, Stellung und Bewegung

Dreidimensionales Training – Bedeutung der Bewegungsebenen

Ein dreidimensionales Training sorgt für ein ganzheitlich funktionelles Training, einen gleichmäßigen Muskelzuwachs, ein besseres Körpergefühl sowie eine Verbesserung der Koordination und dadurch eine Minimierung von Verletzungen in Alltag und Sport.

Man unterscheidet zwischen der ***Sagittalebene***, in der sich der Hund meistens bewegt (vorwärts/rückwärts), der ***Transversalebene*** (Seitengänge) und der ***Dorsalebene*** (Kreiseln).

- Eindimensionales Training ist nicht zielführend. Kein Segment kann so selektiert bewegt werden, dass es andere Bereiche nicht beeinflusst. Außerdem kommen im Alltag eindimensionale Bewegungen praktisch nicht vor. Die Übergänge der drei Ebenen sind natürlich fließend, ansonsten würde ein Hund wie ein Roboter gehen.
- Wenn die faszialen Anteile keine mehrdimensionalen Trainingsreize erfahren, steigen das Verletzungsrisiko und die Wahrscheinlichkeit für früher einsetzende Arthrosen.
- Je eher eine Ebene mit in das Training einbezogen wird, die sonst außer Acht gelassen wird, desto besser kann der Hundekörper als ein harmonisches Ganzes funktionieren.

Ebene	***Bewegungsrichtung***	***Bewegungsformen***
Sagittalebene	*vorwärts, rückwärts*	*Flexion, Extension*
Transversalebene	*seitwärts*	*Abduktion, Adduktion, Rotation (Wirbelsäule)*
Dorsalebene	*Kreis, Bogen*	*Lateralflexion (Supination, Pronation, Rotation der Gliedmaßen)*

DER AUFBAU DES KÖRPERS ALS FUNKTIONELLE EINHEIT

Statik und Dynamik

Der Hund sollte seinen Schub mehrheitlich aus der Hinterhand gewinnen, denn dort befindet sich der Antriebsmotor. Man geht von 70-75 % Anteil aus, die die Hinterhand nach vorne zu stemmen hat.

In der Realität ist dies häufig nicht so. Die Vorderhand mit Schulterblatt und Brustkorbaufhängung stellt die Lenkung und die vordere Bremse dar. Bisweilen verändert sich diese Funktion im Falle einer gesundheitlichen Einschränkung oder auch einer Dysfunktion des Beckens. Dies sollte im Rahmen einer Befundung bedacht werden.

Der Schwerpunkt eines Hundes befindet sich in etwa auf Höhe des neunten Zwischenrippenraumes, wobei dieser Schwerpunkt nicht an Ort und Stelle bleibt. Er verändert sich durch Positionswechsel im Training oder Bewegung.

Die prozentuale Verteilung des Körpergewichtes ist insofern sehr interessant, da rassebedingt sehr große Unterschiede in der Verteilung des Körpergewichts bestehen.

Nach Betrachtung der Tabelle wird schnell klar, dass beispielsweise der Whippet deutlich weniger Gewicht mit den Hinterbeinen stemmen muss. Im Falle einer Hüfterkrankung müssten somit nur 20,8 % zur Gewichtsumverteilung bereitstehen. Der Rottweiler wird hierbei deutlich mehr Probleme haben, da ganze 41,6 % zur Verteilung anstehen (soweit die Theorie). Dies stellt den gesamten vorderen Bereich vor eine große Aufgabe und er hätte zum Beispiel größere Probleme, mit einer Hüfterkrankung umzugehen, da die Vorhand deutlich stärker belastet wird.

MERKE

Mangelnder Schub aus der Hinterhand verändert den ganzen Körper und stellt nicht nur ein Problem im hinteren Bereich dar.

Beispiele		
Whippet	*Vorderhand: 79,2 %*	*Hinterhand: 20,8 %*
Pointer	*Vorderhand: 67,6 %*	*Hinterhand: 32,4 %*
Deutscher Schäferhund	*Vorderhand: 62,3 %*	*Hinterhand: 37,7 %*
Rottweiler	*Vorderhand: 58,4 %*	*Hinterhand: 41,6 %*

Die Bogensehnenbrückenkonstruktion

Anhand der Bogensehnenbrückenkonstruktion lässt sich ganz gut das Prinzip der Stabilität des Körpers und der Vorwärtsbewegung erklären.

Dieses Modell wurde ursprünglich für das Pferd entwickelt, das sich in seinen Strukturen doch etwas vom Hund unterscheidet. Dennoch kann es als Vergleich gut herangezogen werden. Dabei wird der Hund in einen oberen Teil (den Bogen), einen unteren Teil (die Sehne) und die Gliedmaßen als Stemm- und Hebelwerke eingeteilt.

Die Eingeweide beeinflussen mit ihrem Eigengewicht durch Zug die Einheit von Bogen und Sehne und bestimmen die Spannung auf dem Bogen, der durch die Rückenmuskulatur stabilisiert wird.

Die Vorhand, die den Schub aus der Hinterhand auffangen soll und auch als Bremse fungiert, ist relativ flexibel am Rumpf angebracht. Die Vorstellung erinnert an eine Trageschlinge aus Muskeln.

Die Hintergliedmaßen hingegen sind relativ fest mit dem hinteren Ende der Konstruktion verbunden. So geht weniger Energie durch die Schubentwicklung verloren und kann so über den Rücken nach vorne weitergeleitet werden.

In der Bewegung wird, bedingt durch Druck – Zug und Spannung in der Bogensehnenbrückenkonstruktion – laufend potenzielle Energie in kinetische Energie umgewandelt.

Dieses System kann demnach nicht funktionieren, wenn an einem Element ein „Funktionsfehler" besteht.

Der Drehpunkt liegt jeweils auf Höhe des Hüftgelenks und in der Vordergliedmaße im oberen Rand des Schulterblattes.

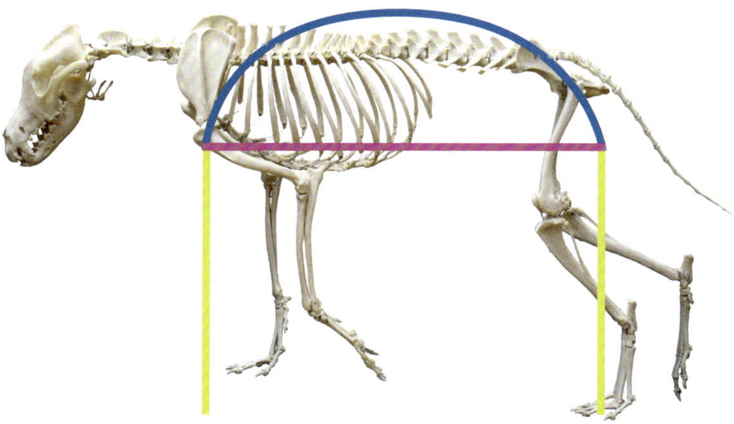

Die Fortbewegung

Die Hauptgangarten des Hundes sind Schritt, Trab und Galopp. Als ökonomische Spargangart sei noch der Pass erwähnt, wobei dieser auch von vielen Hunden mit Problemen des Bewegungsapparats genutzt wird.

Schritt:

Der Schritt ist ein Viertakt, bei dem der Hund jederzeit den Bodenkontakt behält. Er weist die Schrittfolge rechtes Hinterbein, rechtes Vorderbein, linkes Hinterbein und linkes Vorderbein auf.

Trab:

Der Trab ist ein Zweitakt, bei dem immer zwei Beine eines diagonalen Paares zeitgleich aufgesetzt werden. Lediglich beim geschwungenen Trab findet hierbei eine kurze Schwebephase statt.

Man unterscheidet zum einen den *geworfenen Trab*. Diesen sieht man häufig bei quadratisch gebauten Hunden (zum Beispiel Terriern).

Zum anderen gibt es noch den *geschwungenen Trab*, den man viel bei Hunden mit großer Schrittlänge sieht. Hierbei fehlt die freie Schwebephase. *Der übereilte Trab* ist oftmals beim Deutschen Schäferhund erkennbar. Bei dieser Form des Trabens fußt der Hund die Hintergliedmaße etwas früher als die diagonale Vordergliedmaße und unterstützt den Körper für einen kurzen Augenblick allein. Der Trab ist der beliebteste Gang und energetisch gut.

Galopp:

Der Galopp kann sehr unterschiedlich ausfallen und ist eine asymmetrische Gangart. Man unterscheidet den Rechtsgalopp, bei dem zuerst das linke Hinterbein, dann das rechte Hinterbein, danach das linke Vorderbein und zuletzt das rechte Vorderbein fußen. Beim Linksgalopp endet die Fußfolge genau umgekehrt - vorne links.

Außerdem existiert eine Galoppform ohne und eine mit Flugphase, die je nach Geschwindigkeit unterschiedlich lang ausfallen kann.

Windhunde können in einem Bewegungszyklus zwei Flugphasen aufweisen (Renngalopp). Dabei wird die Brust- und Lendenwirbelsäule so stark gebeugt und wie ein Bogen gespannt, um dann im nächsten Moment die Spannung zu entladen und wie ein Geschoss durch die Luft zu fliegen. Viele Windhunde können dabei eine Spitzengeschwindigkeit von 60 km/h erreichen.

Bei kleinen Hunden und Hunden mit Hüftproblemen kann der sogenannte „Schweinsgalopp" beobachtet werden. Bei diesem stößt der Hund sich gleichzeitig mit beiden Hinterbeinen ab und landet auf beiden Vorderbeinen.

Pass:

Beim Passgang werden jeweils zwei Beinpaare einer Körperseite fast gleichzeitig aufgesetzt. Bei dieser Gangart kommt es oft zum *„Pfotenstreifen"*, das nicht mit dem *„Pfotenschleifen"* zu verwechseln ist, bei dem meist eine neurologische Ursache zugrun-

Malinois im Passgang.

de liegt. Beim Pfotenstreifen schiebt sich die Pfote über den Boden, die Gelenkbeweglichkeit ist eingeschränkt. Dadurch kommt zu wenig Beugung zustande und die Pfote wird nicht ausreichend vom Boden angehoben, was beim Passgang der Fall ist. Aus diesem Grund wird die Lendenwirbelsäule hier deutlich mehr beansprucht, um dies auszugleichen. Wölfe gehen Pass. Er stellt daher eine natürliche Gangart dar. Wenn Hunde schon vom Junghundealter an gehen, gehört dies oft zum normalen Bewegungsrepertoire. Liegt eine Erkrankung des Bewegungsapparates vor, fließt dies allerdings in die Befundung als Schongang mit ein. Im Pass ermüdet der Hund nicht so schnell. Außerdem kann er mehr Energie aus der Bewegung des hinteren Rückens gewinnen und weniger aus der Gelenkbewegung heraus. Je größer und schwerer ein Hund ist, desto eher geht er im Passgang.

Bedeutung im Training

Der Schritt kann in unterschiedlichen Tempi gut als bewusstes Gangtraining eingesetzt werden. Es sollte darauf geachtet werden, dass der Hund an lockerer Leine und nicht in klassischer Fußposition geführt wird. Der Hund sollte also abwechselnd links und rechts vom Menschen geführt werden. Sollte er sofort in Fußposition gehen, kann der Hund durch Rückwartsgehen des Menschen in einen geraden Schritt gebracht werden.

Gangbeurteilungen werden meist im Schritt durchgeführt, da dabei alle Gliedmaßengelenke ohne „Mogeln" in großem Maße durchbewegt werden müssen und der Hund sich nicht den Schwung der Geschwindigkeit zu Nutze machen kann. Deswegen zeigen sich auch viele Problematiken eher im Schritt. Diese werden mit zunehmender Gehzeit verstärkt.

Der Trab lässt sich gut in die Cavaletti-Arbeit integrieren, um die Flexibilität der Muskulatur um das Schulterblatt und der Hüfte zu fördern und somit die Schrittlänge zu verbessern. Man kann den Trab auch beim Umkreisen von Pylonen einsetzten.

Der Galopp kann beim Schnellkrafttraining (Abrufen aus einer Position) oder einfach nur zum Aufbau der Rückenmuskulatur gewinnbringend einfließen.

Dem Passgang kann über das Cavaletti-Training entgegengewirkt werden, da der Hund unmöglich im Pass über Stangen gehen kann.

Die Schrittlänge

Laut der Jenaer Studie von Fischer und Lilje (siehe das Buch *Hunde in Bewegung,* 2011) trägt das Schulterblatt mindestens 65 % zur Schrittlänge der Vordergliedmaßen, bei manchen Schritten sogar über 80 % (unabhängig der Gangart) bei. In den Hintergliedmaßen ist im wahrsten Sinne das Hüftgelenk mit über 70 % die treibende Kraft. Im Galopp übernimmt allerdings der Rücken geschätzte 50 % der Fortbewegung aus der Hinterhand.

Dies führt unweigerlich zur Überlegung, welche Folgen eine Hüftgelenksdysplasie mit verspanntem Rücken und eingeschränkter Schulterbewegung für die Fortbewegung haben kann. Hierbei muss nicht vom schlimmsten Befund ausgegangen werden. Auch eine geringgradige Hüftgelenksdysplasie bleibt nicht ohne Folgen, fällt jedoch nicht so schnell auf. Auf jeden Fall sind eine Schrittverkürzung und weniger Stoßdämpfung immer die Folge, wodurch andere Strukturen wieder überlastet werden. Grundsätzlich verfügen Hunde mit wenig Beinwinkelung über eine geringere Schrittlänge.

Scherkräfte an den Übergängen der Wirbelsäule

An den Übergängen von Halswirbelsäule zur Brustwirbelsäule (CTÜ = cervicothorakaler Übergang), von Brustwirbelsäule zu Lendenwirbelsäule (TLÜ = thorakolumbaler Übergang) und von Lendenwirbelsäule zum Kreuzbein (LSÜ = lumbosakraler Übergang) kommt es auch beim gesunden Hund zu großen Scherkräften. Diese Bereiche sind schon bei physiologischer Funktion (ohne gesundheitliche Einschränkung) großen Belastungen in der Bewegung unterworfen. Häufig sind auch im Bereich des „Wechselwirbels“ (10. und 11. Brustwirbel im orangen Kreis) Auffälligkeiten zu ertasten. Die größte Kraftspitze in der Bewegung befindet sich im Bereich des siebten Lenden- und ersten Sakralwirbels (LSÜ) und wird dann im weiteren Verlauf durch die Bandscheiben gedämpft sowie vom restlichen Rücken abgefangen.

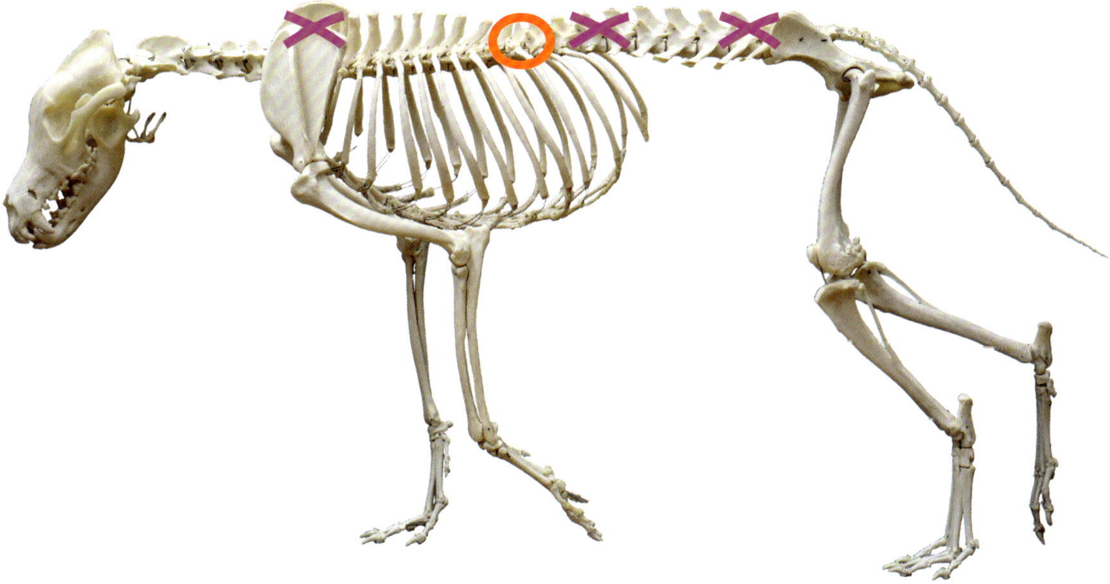

Hier sehen Sie die Bereiche, die häufig auffällig sind und großen Scherkräften unterliegen.

Die Entwicklung von Kompensationsmustern und Krankheitsverläufen

Wenn ein Hund durch Erkrankung, Unfall, Bewegungsmangel oder auch durch einen häufigen längeren Verbleib im Auto (Reise) nicht zu ausreichend Bewegung kommt, kann es zu Funktionseinschränkungen kommen. Muskeln werden sensibler und reagieren zumindest mit einer Missempfindung oder Anspannung. Vielleicht nimmt der Hund dies zunächst nicht bewusst wahr und schont sich unbewusst ein wenig. Die unelastischen Muskeln erhöhen den Anpressdruck auf das Gelenk. Die Bewegung und dadurch auch die Knorpelernährung durch die Gelenkflüssigkeit, die sich durch diesen Prozess ebenfalls verändert, sind eingeschränkt. Die Wahrnehmung und die Stabilität im Gelenk werden beeinträchtigt und ein Teufelskreis beginnt. Das bis dahin physiologische Bewegungsmuster wird zu einem Kompensationsmuster, das immer mehr Bereiche miteinbezieht. Zunächst wird das Gewicht nur auf die eine Seite verlagert. Wenn das Problem hinten links besteht (zum Beispiel Entlastung der Gliedmaße durch das Tragen eines Verbandes), wird das Gewicht auf die diagonale vordere Gliedmaße gebracht. Gerade bei Kugelgelenken wie den Hüftgelenken ist die Beweglichkeit unheimlich wichtig. Sie übernehmen deutlich das Management bei Erkrankungen der distalen Gelenke wie Knie- oder Sprunggelenk.

Der Rücken bis hin zur Halswirbelsäule muss bei jeder Bewegung mehr oder weniger ausgleichen. Manche Hunde verbringen Erstaunliches und sind wahre Kompensationsmeister. Wie lange dies möglich ist und wie lange der sprichwörtliche Rattenschwanz wird, hängt sehr stark von den Grundvoraussetzungen wie beispielsweise dem Körperbau ab.

Dies verdeutlicht, weshalb zum Beispiel eine Schmerzzone im Beckenbereich in direktem Zusammenhang mit der oberen Halswirbelsäule stehen kann. So kann ein Hund mit längerem Rücken mehr Mühe haben, dies auszugleichen und darum unter Umständen unter mehr Beschwerden in der Wirbelsäule leiden.

Strukturelle Veränderung im Gewebe finden sehr schnell statt. Beim Menschen spricht man von circa 30 Minuten, die man sich in einer Fehlhaltung befinden muss, um im Anschluss mit Folgen rechnen zu müssen. Welche Auswirkungen und Tragweite ein Fehlbelastungsmuster im Stand und in der Bewegung hat, das über Jahre besteht, wird hier transparent. Einseitiges Fußlaufen über die Zeit einer Trainingsstunde reicht aus, um entsprechende Anpassungsreize zu setzen, die eigentlich vermieden werden sollten.

Dr. Ida Rolf, die Begründerin des „Rolfing", einer nach ihr benannten komplementärmedizinischen Behandlung, sagte treffend „Es ist nie da, wo Du denkst." oder „Wenn Ihre Symptome sich bessern, ist das Ihr

Pech." (Quelle: Anatomy Trains: Myofasziale Leitbahnen – Thomas W. Myers)

Ihr Interesse galt der Auflösung von Kompensationsmustern und nicht der Symptombeseitigung, da diese ansonsten nach kurzer Zeit an anderer Stelle wieder auftreten.

Der Körper ist an komplexen Ausgleichlösungen nicht zu übertreffen und den Auslöser zu finden ist leider nicht immer möglich.

MERKE

Es antwortet immer der ganze Körper. Auch wenn nur eine Gliedmaße bewegt wird!

Körperliche Aktivität von Welpen und Junghunden fördert Aufmerksamkeit und Konzentration

In zahlreichen Tierversuchen (hauptsächlich mit Ratten und Mäusen) hat man festgestellt, dass regelmäßige, freiwillige körperliche Aktivität und viele verschiedene Reize aus der Umgebung den größten Anreiz für die Bildung von Nervenzellen gibt.

Eine frühe Ansprache durch Koordinationsübungen fördert die Fähigkeit, sich zu konzentrieren und verbessert die Aufmerksamkeit. Der Grund liegt in einer vermehrten Durchblutung einer bestimmten Gehirnregion und der Aktivierung des Stoffwechsels mit gesteigerter Produktion von zahlreichen *neurotrophen Faktoren* (neurotroph = Nervenzellen werden stimuliert). Aus der Physiotherapie ist der Effekt des „Nervenbahnens" durch wiederholte Ansprache neuronaler Strukturen bekannt. Für das Training mit Welpen und Junghunden ist das insofern enorm wichtig, als dass durch gezieltes Training auf die Struktur des Gehirns und somit sowohl auf das Verhalten als auch gewisse Bewegungsabläufe Einfluss genommen werden kann. Natürlich sollte die Motivation hierfür nicht in erster Linie der Leistungsgedanke sein. Vielmehr sollte in Richtung Prävention gedacht werden. Ein Junghund, der seine Lernerfahrung von komplexen Bewegungsmustern früh macht, hat später viel weniger Mühe, diese durchzuführen und auch nach Krankheit oder im Alter abzurufen. Das gilt natürlich nicht nur für körperliche Aktivität im sportlichen Sinne, sondern auch für alle anderen neuronalen Strukturen wie zum Beispiel das Riechzentrum. Auch wenn das *Riechepithel* seine volle Leistungsfähigkeit erst ab dem fünften Monat erlangt, kann durch frühe Ansprache dieser Region ein angehender

Weißer Schäferhund mit einem Jahr, 6 Jahren und 11 Jahren.

Suchhund besser auf seine spätere Arbeit vorbereitet werden. Dass hierbei immer das Maß und das gewisse Fingerspitzengefühl entscheidend sind, muss an dieser Stelle unbedingt erwähnt werden.

Veränderung des Körpers in verschiedenen Lebensstadien

Viele kennen den Spruch „Use it or lose it". Dieser Spruch bewahrheitet sich auch in Bezug auf Fähigkeiten und (auch kognitive) Eigenschaften von Lebewesen. Sie müssen genutzt werden, um sie nicht zu verlieren. Muskeln verändern sich im Alter und verlieren an Elastizität. Muskelketten schlagen manchmal etwas andere Bahnen ein und „verlegen" dadurch Gelenke in andere Positionen.

Bekanntermaßen werden im Alter *Sarkomere* (die kleinsten funktionellen Einheiten des Muskels) abgebaut. Dies hat zur Folge, dass die Fähigkeit zur Muskelkontraktion und die Muskelelastizität im Alter nachlassen. Knochengewebe, Bänder und Sehnen verändern sich allerdings kaum.

Häufig kann im Seniorenalter ein Verlust der Koordinationsfähigkeit festgestellt werden, da leider auch die *Motoneuronen*-Anzahl abnimmt (Muskelsteuerung). Wie beim älteren Menschen können Unsicherheiten bei anspruchsvollen Bewegungsabläufen beobachtet werden und die schlecht von Nerven informierte Muskulatur führt schneller zu Stürzen.

Auch wenn im hohen Alter keine enorme Verbesserung der Koordinationsfähigkeit mehr zu erreichen ist, so sollte doch zumindest versucht werden, die bestehende zu erhalten.

Je nach Rasse und gesundheitlichen Veränderungen wird das Gewicht mehr und mehr auf die vordere Körperhälfte verlagert. Der Antrieb aus der Hinterhand wird schlechter und die Vordergliedmaßen übernehmen immer mehr diese Arbeit, was sehr häufig auch deutlich an einer übermäßig überbauten Front zu erkennen ist. Wie der Mensch entwickeln Hunde über die Zeit erst unbewusste, dann bewusste Kompensationsmuster, die später meist nur schwer aufbrechbar sind.

Am auffälligsten erscheint oft der Abbau von Muskelmasse an den Oberschenkeln. Aber auch an der Rückenmuskulatur sowie der Brustmuskulatur sind in der Regel Veränderungen zu beobachten. Dort, wo früher eine gut bemuskelte breite Brust war, ist später nur noch ein Lappen mit loser Haut.

Es können aber nicht nur Kraftübungen mit dem Tier trainiert werden, da dadurch der Elastizitätsverlust im Muskel und mit ihm der Verlust der Statik beschleunigt würde. Eine gute Mischung von allem Vorangegangenen an Bewegungstraining ist das Trainingsrezept.

Australian Cattle Dog mit einem Jahr, 5 Jahren und 10 Jahren.

Kurzhaar Collie
mit einem Jahr, 5 Jahren und 12 Jahren.

Rassespezifische Unterschiede im Körperbau und deren Folgen

Wenn die Problematiken von Körperteilen eines Hundes nicht im Einzelnen, sondern der Hund als Ganzes gesehen wird, ist man der ganzheitlichen Sichtweise schon sehr nahe. Dies befähigt, einen zielgerichteten Trainingsplan zu erstellen.

Im Folgenden werden als Beispiel ein paar Rasseschläge aufgeführt, wobei die Auffälligkeiten von Körperbau und Bewegungsmuster abweichen können und nicht vollständig beschrieben sind.

Sie sollen nicht dazu dienen, bestimmte Hunderassen zu diffamieren. Eher soll dies Impulse für Trainingsansätze geben, um körperliche Schwächen auszugleichen.

Wenn ein Hund eine oder mehrere der beschriebenen Auffälligkeiten zeigt, sollte der erarbeitete Trainingsplan mit einem Physiotherapeuten abgesprochen werden, damit nicht kontraproduktiv trainiert wird. Die angeführten Trainingstipps sollen den Ideenkoffer füllen, sind aber nicht als Pauschalrezept zu sehen.

Welcher Bindegewebs-Typ ist Ihr Hund?

Wie bei uns Menschen gibt es auch bei Hunden unterschiedliche Bindegewebstypen. Für die Erstellung eines Trainingsplanes ist die Einschätzung des vorherrschenden Bindegewebstyps von großer Wichtigkeit.

Der Sportwissenschaftler Joachim Auer erklärt im Zusammenhang mit funktionellem Training sehr einleuchtend zwei Typen von Bindegewebe:

Kleopatra:

Diese Hunde haben ein sehr lockeres Bindegewebe. Sie brauchen im Training mehr Stabilisierungsübungen und weniger Übungen für Beweglichkeit. Vom Charakter sind sie eher als gemütlich einzustufen.

Wikinger:

Diese Hunde haben ein festes und wenig bewegliches Bindegewebe. Sie sollten im Training eher auf Beweglichkeit und Mobilität Wert legen. Vom Charakter sind das eher die aktiven Hunde.

Die meisten Hunde lassen sich nicht eindeutig in die eine oder andere Kategorie einteilen, da meist eine Mischform vorliegt. Allerdings ist in der Regel eine Tendenz gut zu erkennen.

Interessanterweise ist an dieser Stelle zu erwähnen, dass eine Häufigkeit von kranialen *Kreuzbandrupturen* bei bindegewebsschwachen und kastrierten Hunden auftritt (vor allem bei Rüden). Vorstellbar ist, dass die Bindegewebsqualität zusammen mit der verminderten sensomotorischen Information im Gewebe, der damit einhergehenden Instabilität des Gelenks und dem Mangel an Geschlechtshormonen das Problem des *latenten Auffaserns der Bänder (Ligamente) begünstigt.*

Bulldogge

	Typ Bulldogge
Bindegewebsart	*Wikinger-Mischtyp – braucht eher Entspannung und Dehnung*
Körperbau	*Oft überbaute Hinterhand mit wenig Hinterhandwinkelung, Becken eher horizontal. Der Rücken ist kurz und breit und die Beine sind im Verhältnis zur Körpergröße kürzer. Bei der Englischen Bulldogge sowie bei der Continental Bulldogge zeigt die Rückenlinie deutliche Kurvaturen mit mehr oder weniger ausgeprägter Lordose im Übergang Brustwirbelsäule/Lendenwirbelsäule. Die Front ist breit, der Körperschwerpunkt deutlich nach vorne verlagert. Der Oberarm ist gemäß dem ursprünglichen Verwendungszweck eher kurz und der Brustkorb tief angesetzt. Oft bärentatzige Pfotenstellung durch vermehrte Gewichtaufnahme.*
Bewegungsmuster	*Im Vergleich zu anderen Rassen ist die Schrittlänge eher kurz. Häufig Passgänger mit wenig Gelenkaktion. Der Schwung wird daher vermehrt durch die Lendenmuskulatur erzeugt und der Körper pendelt in Bewegung hin und her. Bei der Französischen Bulldogge werden die Knie in der Stemmphase nach außen rotiert. Daher erinnert der Gang an einen Rollerskater. Durch diese Bewegung aber geht Vorschub verloren. Die Vorderbeine bewegen sich häufig schaufelnd nach vorne. Bulldogartige Hunde sind keine Ausdauerläufer.*
Trainingsziel	***Beweglichkeit und Flexibilität***
Trainingsschwerpunkte:	
Allgemein	*Koordinationstraining (Orientierung, Gleichgewicht, Umstellungsfähigkeit)*
Cavaletti-Training	*mehr Gelenkaktivität und Raumgriff erzeugen*
Kraft	*Hinterhand aktivieren*
Beweglichkeit und Dehnungsübungen	*Rücken, Hüftbeuger, Schulterbereich und Nacken*
Sonstiges	*Aktivierung der Zehenbeuger (siehe S. 236 Übung Pfoten-Pull)*

Herdenschutzhund

	Typ Molosser und Herdenschutzhunde
Bindegewebsart	*Überwiegend Typ Kleopatra – braucht eher viel Koordination und Stabilität* *Der Bullmastiff und die Amerikanischen Bulldoggen sind eher Kraft-Typen und benötigen daher mehr Entspannung. Viele Molosser-Rassen sind Mischtypen, wobei die Herdenschützer meist über ein schwaches Bindegewebe verfügen.*
Körperbau	*Schwer gebauter Hundeschlag mit mehr oder weniger überbauter Hinterhand und wenig gewinkelter Hinterhand. Die Front ist breit, der Körperschwerpunkt eher nach vorne verlagert. Wir sehen oft eine Achsenabweichung in der Mittelhand sowie eine Valgusstellung in der Vorderhand (Außenrotation der Pfote).*
Bewegungsmuster	*Im Vergleich zu anderen Rassen ist die Schrittlänge eher kurz. Häufig Passgänger mit wenig Gelenkaktion und einem mehr oder weniger ausgeprägtem Twist im lumbosakralen Übergang (der „elegante Hüftschwung"). Der Gang ist oft „schlurfend" mit wenig Dynamik.*
Trainingsziel	***Hinterhand aktivieren, Vorderhand entlasten und Körperbewusstsein schulen***
Trainingsschwerpunkte:	
Allgemein	*Koordinationstraining (Orientierung, Gleichgewicht, Umstellungsfähigkeit)*
Cavaletti-Training	*mehr Gelenkaktivität und Raumgriff erzeugen*
Kraft	*Hinterhand und Rücken aktivieren, kräftigen und stabilisieren*
Beweglichkeit und Dehnungsübungen	*Schulterbereich und Halswirbelsäule*
Sonstiges	*verschiedene Untergründe einbauen (taktile Reize)*

Labrador im Trab

	Typ Retriever
Bindegewebsart	*Überwiegend Typ Kleopatra – braucht viel Koordination und Stabilität*
Körperbau	*Harmonisch gebauter Hund, wobei der Labrador Retriever deutlich mehr Körpermasse mit sich bringt. Die Gelenkwinkelung entspricht dem Durchschnitt, wobei das Potenzial oft nicht ausgeschöpft wird. Bei den Labradoren sieht man häufig eine deutliche Gewichtsverlagerung auf die Vorhand und daraus resultierend einen massiven Brustkorb.*
Bewegungsmuster	*Bei den Golden und den Labrador Retrievern mehr oder weniger ausgeprägter lumbosakraler Twist oder sogar der thorakolumbale Twist, bei dem das Bild des „eleganten Hüftschwungs" noch deutlicher zu sehen ist. Es wird oft im Passgang gegangen und die Vorwärtsbewegung wird weniger aus der Hinterhand als aus dem hinteren Rückenbereich erzeugt. Dieses Bild tritt häufiger bei Labrador Retrievern auf. Die Vordergliedmaßen übernehmen meist deutlich zu viel Last und fungieren zusätzlich als Antriebsmotor, was zur Folge hat, dass die Hinterhand immer mehr in Vergessenheit gerät. Der Verlust des Körpergefühls wird in der Regel durch mehr Körperaktivität kompensiert.*
Trainingsziel	***Hinterhand aktivieren, Vorderhand entlasten und Körperbewusstsein schulen (vor allem Hinterhand)***
Trainingsschwerpunkte:	
Allgemein	*Koordinationstraining (Orientierung, Gleichgewicht, Umstellungsfähigkeit)*
Cavaletti-Training	*mehr Gelenkaktivität und Raumgriff erzeugen*
Kraft	*Hinterhand aktivieren und stabilisieren*
Beweglichkeit und Dehnungsübungen	*Schulterbereich*
Sonstiges	*bei sehr aktiven Individuen viele statische Übungen einbauen.*

Dachshund

	Typ Dachshund
Bindegewebsart	*Wikinger*
Körperbau	*Der Dachshund hat bekanntermaßen einen sehr langen Rücken, wobei die Rückenlinie meist gerade ist und die Kruppe horizontal steht. Im Verhältnis zu Oberarm und Unterarm ein langes Schulterblatt, das dennoch einen guten Raumgriff und eine gut gewinkelte Hinterhand ermöglicht. Die Mittelhand weist oft eine mehr oder weniger starke Valgus-Stellung (Außenrotation der Pfote) auf. Dies kann an den Beinen unterschiedlich ausgeprägt sein.*
Bewegungsmuster	*Erstaunlicherweise hat er im Schritt und im Trab für seine kurzen Beine im Vergleich zu anderen Rassen eine relativ große Schrittlänge. Im Galopp behilft er sich oft mit dem sogenannten „Schweinsgalopp", wobei die Wirbelsäule stark flektiert (gebeugt) wird.*
Trainingsziel	***Rücken kräftigen und stabilisieren, Becken und Schulter mobil halten, damit der Rücken weniger kompensieren muss***
Trainingsschwerpunkte:	
Allgemein	*Koordinationstraining (Orientierung, Gleichgewicht, Umstellungsfähigkeit)*
Cavaletti-Training	*mehr Gelenkaktivität und Raumgriff erzeugen (Schulter, Becken/Hüfte)*
Kraft	*Hinterbeine aktivieren, kräftigen und mobilisieren*
Beweglichkeit und Dehnungsübungen	*Hüftbeuger und Schulterbereich*
Sonstiges	*bei Durchtrittigkeit Pfotenbeuger aktivieren (siehe Übung Pfoten-Pull S. 236), Gewichtsmanagement!*

	Typ Deutscher Schäferhund
Bindegewebsart	*Wikinger-Mischtyp*
Körperbau	*Der Deutsche Schäferhund nach FCI-Standard verfügt über eine stark gewinkelte Hinterhand und eine im Verhältnis zu anderen Rassen steil abfallende Kruppe. Nicht selten zeigt sich in der Mitte der Wirbelsäule eine mehr oder weniger stark ausgeprägte Aufkrümmung (Kyphose). Dies ist ein Kompensationsmerkmal aufgrund mangelnder Schubkraft aus der Hinterhand durch die starke Überwinkelung der Gelenke sowie teilweise auch verursacht durch einen kuhhessigen Stand. Ganz typisch für eine Veränderung des Körpers durch eine lange Kompensation ist die überbaute Vorderhand bzw. Schulterblattbereich. Dadurch wirkt der Hund dann vorne deutlich mächtiger als hinten. Die Stresszonen bei Hunden, die in der Therapie vorstellig werden, sind die Knie, die durch die Überwinkelung sozusagen im Dauerstress sind, der lumbosakrale Übergang (häufig durch Instabilität), Muskelverspannung von Oberschenkelmuskulatur sowie Hüftbeuger und der ganze vordere Bereich - zum Teil mit gravierenden Verspannungen durch die Gewichtsverlagerung.*
Bewegungsmuster	*Der Deutsche Schäferhund nimmt in vielerlei Hinsicht eine Sonderstellung ein. Die Bauweise erlaubt dem Schäferhund, lange Strecken im Trab zurückzulegen. Der Show-Typ verliert durch seine stark abfallende Kruppe an Wendigkeit. Dafür ist der Trab aber definitiv seine Stärke. Dabei kann er bedingt durch seinen langen Unterschenkel sehr raumgreifend fußen (zumindest nach vorne). Seine Schwäche ist häufig der Sprung. Hier kann er sich mit seinem Rumpf behelfen, um sich über die Hürde zu „schieben".*
Trainingsziel	***Hinterhand aktivieren und stabilisieren, Vorderhand entlasten und Körperbewusstsein schulen (vor allem Hinterhand), Training der Schubkraft***
Trainingsschwerpunkte:	
Allgemein	*Koordinationstraining (Orientierung, Gleichgewicht, Umstellungsfähigkeit)*
Cavaletti-Training	*Raumgriff Vordergliedmaße, Streckung Hintergliedmaße, Stabilisierung Rücken*
Kraft	*Hinterhand und Rücken stabilisieren, aktivieren und kräftigen*
Beweglichkeit und Dehnungsübungen	*die Beugerkette „öffnen" (siehe die wichtigsten Muskelfunktionsketten, S. 68) und den Schulterbereich dehnen*
Sonstiges	*Schubkrafttraining beim gesunden Hund*

Weitere typische Kleopatras:
- Sennenhunde
- Laufhunde (z. B. Basset)
- Spaniels
- Berghunde (z. B. Landseer)
- Mops

Weitere typische Wikinger:
- Terrier
- Windhunde
- Vorstehhunde
- Belgische, holländische Schäferhunde
- Pinscher und Schnauzer

Riesenrassen sind von der Trainingsgestaltung eher den Kleopatras zuzuordnen, da sie aufgrund ihrer Größe mehr Koordinationstraining benötigen.

FITNESS-SCREENING

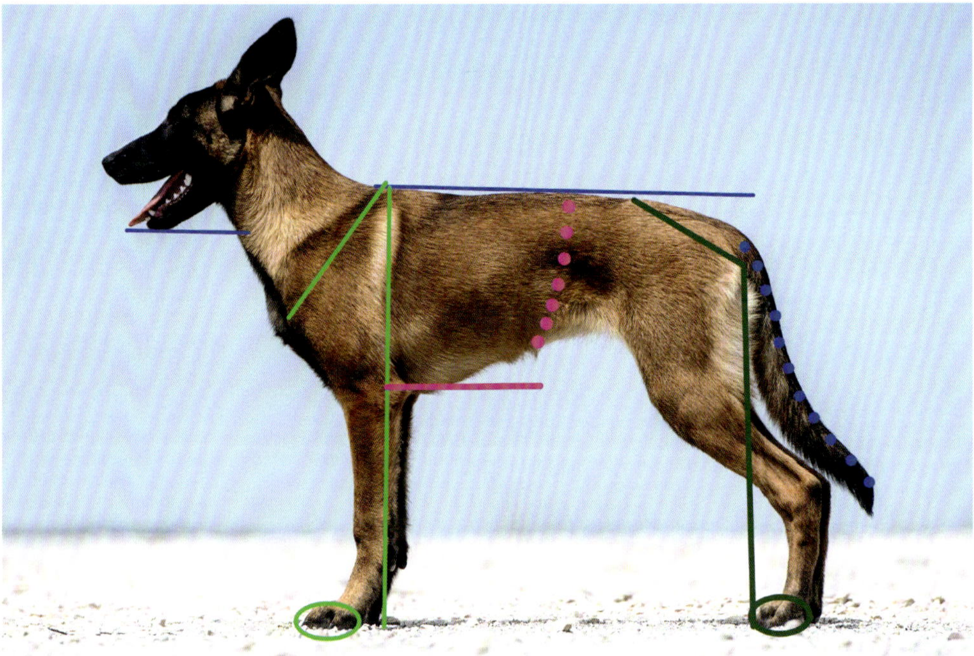

Malinois-Hündin, fünf Monate alt.

Funktionell wird ein Training erst, wenn anatomische und physiologische Grundbedingungen berücksichtigt werden. Hinzu kommt die Beleuchtung des Einsatzes im Sport und der Beanspruchungen im Alltag.

Man verschafft sich eine Übersicht über die Schwachstellen und Vorzüge des Hundekörpers. Dazu betrachtet man den Hund von allen Seiten im Stand und notiert alle Abweichungen von der Norm.

Äußeres Erscheinungsbild

- Ernährungszustand: dünn, dick, normal
- Fellbeschaffenheit: *Piloarrektion* (die stellenweise Aufrichtung der Haare), Areale mit abweichender Fellstruktur oder Fellfarbe
- Krallen: zu lang, korrekte Länge, gleichmäßig oder einseitig abgeschliffen, einzelne Krallen abgeschliffen
- Körperhaltung: Gewichtsverlagerung zur Seite, nach vorne oder hinten, Entlastungen einer Gliedmaße, verkrampft, aufgezogen, locker, durchhängend, kraftlos
- Typus: kräftig, schlaksig, drahtig, schwammig

Proportionen

- Verhältnis Vorderhand/Brustkorb zur Hinterhand
- Quadratisch › Höhe und Rückenlänge gleich gute Traber
- Längsrechteckig › die Hinterhand kann besser unter den Körper geführt werden und ist daher schneller
- Hochrechteckig › wenig Raumgriff und instabiler
- Lang und kurz › wenig Raumgriff und wenig Tempo

Für das eingehende Screening wird der Hund in vier Zonen geteilt. Die folgenden Punkte werden schematisch abgearbeitet.

Die vier Zonen auf einen Blick

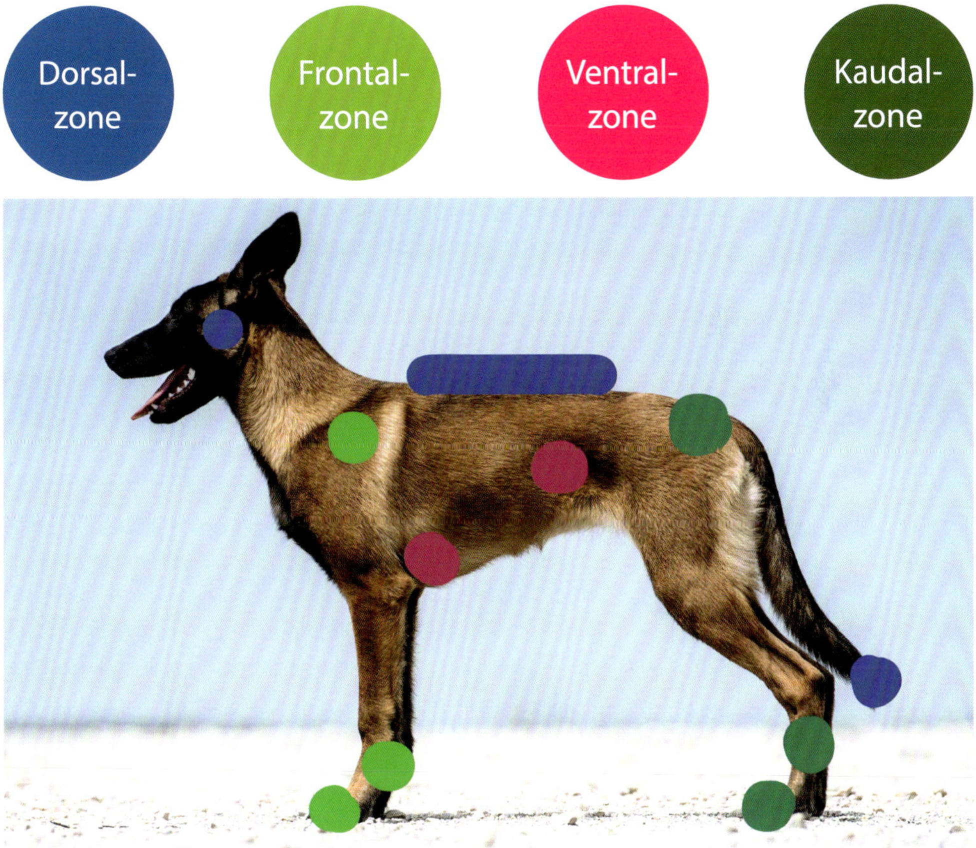

Die vier Zonen

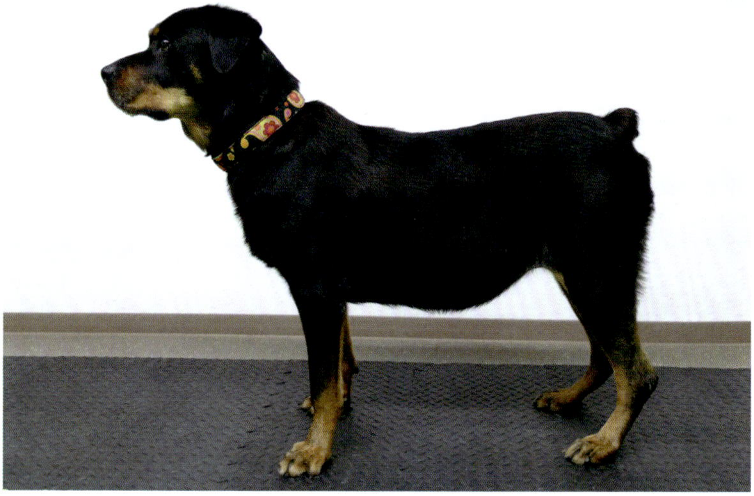

Rottweilerhündin mit Lordose.

Kopfhaltung: Wird der Kopf hoch, tief oder schräg getragen? Im Idealfall wird der Kopf über der horizontalen Rückenlinie getragen. Hunde, die viel Gewicht auf die Vorderhand verlagern, nehmen den Kopf eher tief.

Rückenlinie: Die Rückenlinie sollte gerade sein, dennoch aber über leichte physiologische Wölbungen an Widerrist und Lendenwirbelsäule verfügen sowie keine Lordose (Senkrücken), Kyphose (Aufwölbung) oder Skoliose (seitliche Krümmung) aufweisen. Optimal wäre ein gut bemuskelter, gerader und nicht zu langer Rücken. Ein abfallender Rücken kann sich beim Sprung nicht gut aufwölben. Die Hunde ziehen sich dann meist mit der Vorhand über den Sprung. Ein durchhängender Rücken ist selten gut bemuskelt und kann gesundheitliche Beeinträchtigungen nach sich ziehen. Der Rücken sollte die Bewegung und den Schub aus der Hinterhand gleichmäßig weiterleiten können.

Rutenhaltung: Die Rute sollte locker getragen werden (rassespezifische Abweichungen möglich).

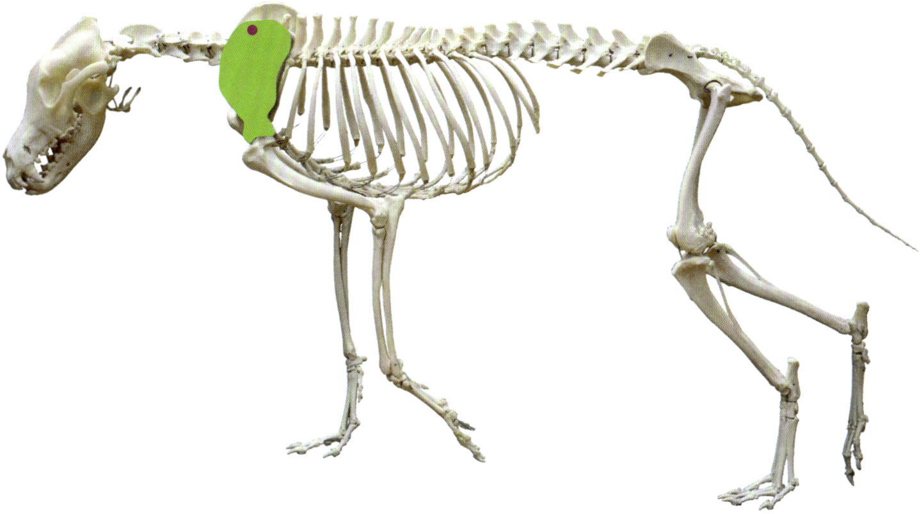

Der Drehpunkt in der vorderen Extremität befindet sich im oberen Bereich des Schulterblattes und dreht sich in einem Schrittzyklus mindestens 35° um den Drehpunkt. Die Gelenke der Vordergliedmaßen bewegen sich bei Belastung in einer Fußungsperiode nicht mehr, das Schulterblatt jedoch schon. Dies kommt einem umgedrehten Pendel gleich, wobei das Schulterblatt den Ausschlag macht. Die eigentliche Bewegung der Vordergliedmaßen kommt somit nur aus der Schulter.

Stellung Schulterblatt: Das Schulterblatt liegt seitlich am Brustkorb an und kann zu steil sein oder zu weit beieinander stehen. Der obere Schulterblattrand sollte nicht deutlich über den Dornfortsätzen der Brustwirbelsäule zu fühlen sein (zu steil). Das zu steile Schulterblatt hat große Auswirkung auf den Raumgriff. Es kann den Schub aus der Hinterhand nicht gut abfangen und überlastet die distalen (unteren) Gelenke durch eine eingeschränkte Stoßdämpfung.

Die praktikabelste Lösung, den Schulterstand zu messen, ist, wenn Sie die Längsachse entlang der Schulterblattgräte (pinke

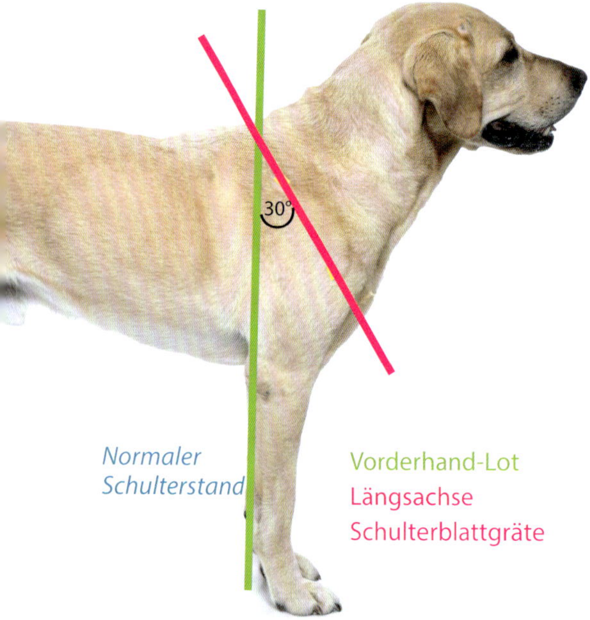

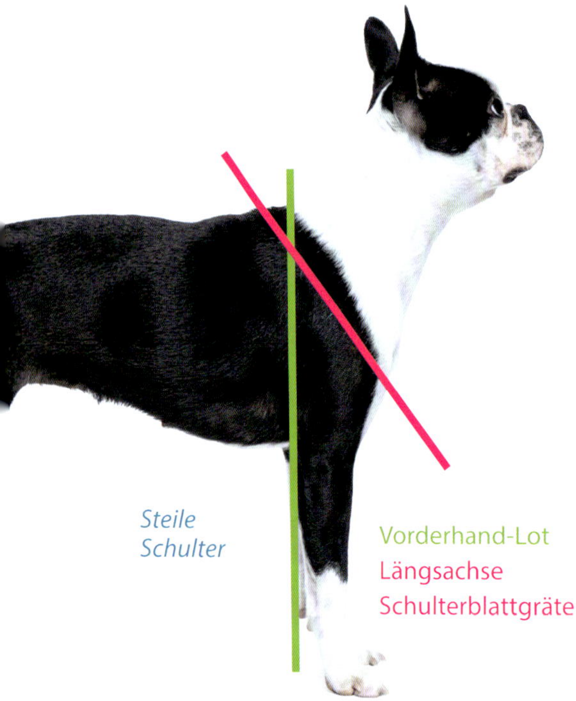

Linie) nehmen und das Lot, das Sie am oberen Rand des Schulterblattes (an der Schulterblattgräte) senkrecht nach unten durch den Ellbogen fallen lassen (grüne Linie). Die Längsachse der Schulterblattgräte und das senkrechte Lot bilden idealerweise einen Winkel von circa 30°.

Ist das Schulterblatt zu steil (Winkel < 30°), verliert die Vordergliedmaße an Stoßdämpfung und die Schritte sind kurz und fest. Windhunde haben aus statischen Gründen eine steilere Schulter. Das Vorderbein wird dabei länger als normal in der Luft gehalten. So kommt der grazile Gang zustande.

Ist das Schulterblatt zu steil, ist der obere Schulterblattrand auch weiter vorne im Nacken fühlbar.

Vorderhand-Lot: Das Lot fällt vom oberen Schulterblattrand durch den Ellbogen direkt durch oder hinter den großen Ballen (grüne Line), wodurch eine gute Gewichtsaufnahme gewährleistet wird.

Die Winkelung der Vorderhand wird maßgeblich durch die Länge des Oberarms beeinflusst. Bis auf wenige Ausnahmen ist bei den meisten Hunden der Oberarm etwas länger als das Schulterblatt. Cattle Dogs sollen beispielsweise einen kürzeren Oberarm haben. Das erleichtert ihnen die Arbeit am Rind. Die steile Front vieler Terrier kommt nicht (nur) von einer steilen Schulter, sondern von einem verkürzten Oberarm. Ein längeres Schulterblatt und ein längerer Oberarm bieten mehr Bewegungsfreiheit. Überschreitet dies jedoch das normale Maß, verliert die Vorderhand an Stabilität.

Vorderansicht: Wird der Hund von vorne betrachtet, sollten die Beine gerade sowie parallel sein. Der Ellbogen sollte nicht zu eng am Brustkorb, aber auch nicht zu weit weg, sowie weder nach innen oder nach außen rotiert stehen. Hunde mit schwachem Bindegewebe haben oft nach außen gedrehte Ellbogen und wenig Stabilität in der Front. Hunde mit enganliegenden Ellbogen haben häufig einen schmalen Brustkorb. Aber auch Ellbogenpatienten zeigen dieses „Anpressen" bei gleichzeitiger Außenrotation der Pfote.

Die Gliedmaßen sollten wie Säulen parallel zum Boden verlaufen. Abweichungen bedeuten immer einen Verlust an Kraft und Statik.

Dalmatiner mit geradem Stand

Prager Rattler mit Achsenabweichung in der Mittelhand

Bulldog-Typ mit breiter Front

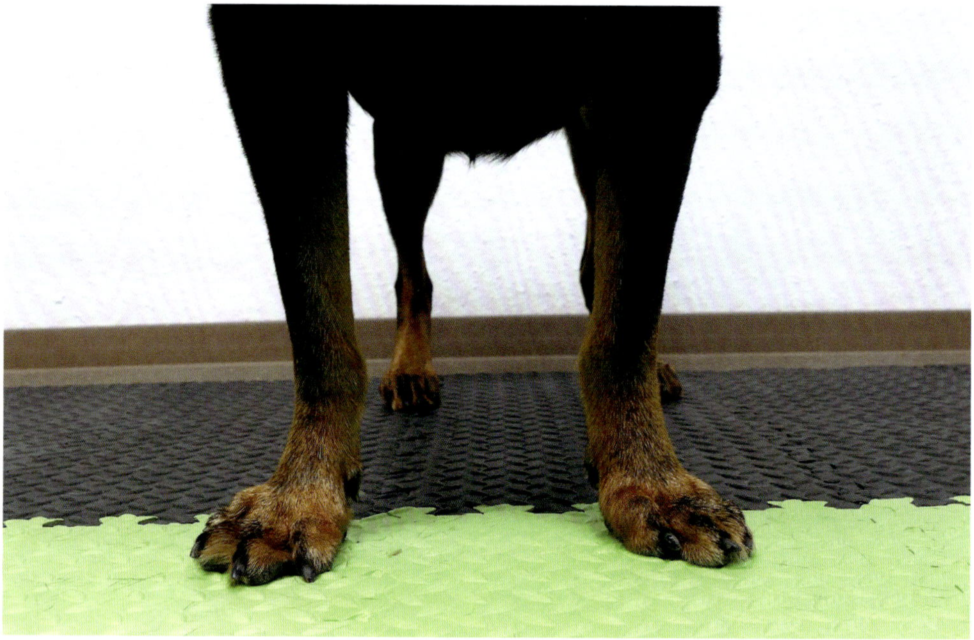

Durchtrittigkeit und Valgusstellung.

Mittelfuß und Pfotenstellung: Der Mittelfuß muss viel Stoß abfangen. Daher sollte er von vorne gerade und von der Seite leicht schräg zum Boden führen.

Im Idealfall sind die Pfoten kompakt, die Zehen geschlossen und gut aufgeknöchelt. Die Pfote sollte weder nach innen/außen rotieren noch durchtrittig (bärentatzig) sein. Durch lange vermehrte Gewichtsverteilung von der Hinter- auf die Vorderhand (zum Beispiel durch Hüftgelenksdysplasie) oder eine Bänderschwäche kann es zu einem sogenannten Achsenbruch im Mittelfuß kommen. Dies führt zu einer starken Überlastung in diesem Bereich und kann womöglich zu weiteren gesundheitlichen Einschränkungen führen.

Auf Seite 59 abgebildet sind ein Dalmatiner mit geradem Stand und gut aufgeknöchelten Pfoten sowie ein Prager Rattler, der ebenfalls gerade steht, aber in der Mittelhand eine Achsenabweichung sowie feingliedrige Hasenpfoten zeigt. Die rechte Abbildung zeigt einen Mischling vom Bulldog-Typ mit breiter Front und ebenso parallel stehenden Beinen.

VENTRALZONE

Verhältnis Brustkorb-Lendenwirbelsäule

Brustkorbtiefe

Verhältnis Brustkorb – Lendenwirbelsäule: Ein Verhältnis 2:1 ist optimal. Wenn der Brustkorb im Verhältnis zum Lendenwirbelsäulenabschnitt zu kurz ist, kann es durch eine vermehrte Instabilität in der Lendenwirbelsäule zu gesundheitlichen Problemen kommen.

Suchen Sie dazu am Brustkorb die letzte Rippe und ziehen Sie eine gedachte Linie zur Wirbelsäule. Der Teil zwischen letzter Rippe und Oberschenkel entspricht in etwa der Länge der Lendenwirbelsäule.

Brustkorbtiefe: Der Brustkorb sollte mit dem Ellbogen abschließen (roter Punkt). Wenn der Brustkorb zu hoch angesetzt ist, nimmt das der Vorhand viel Stabilität. Beurteilen Sie auch die Brustmuskulatur, indem Sie mit einer Hand zwischen die Vorderbeine greifen.

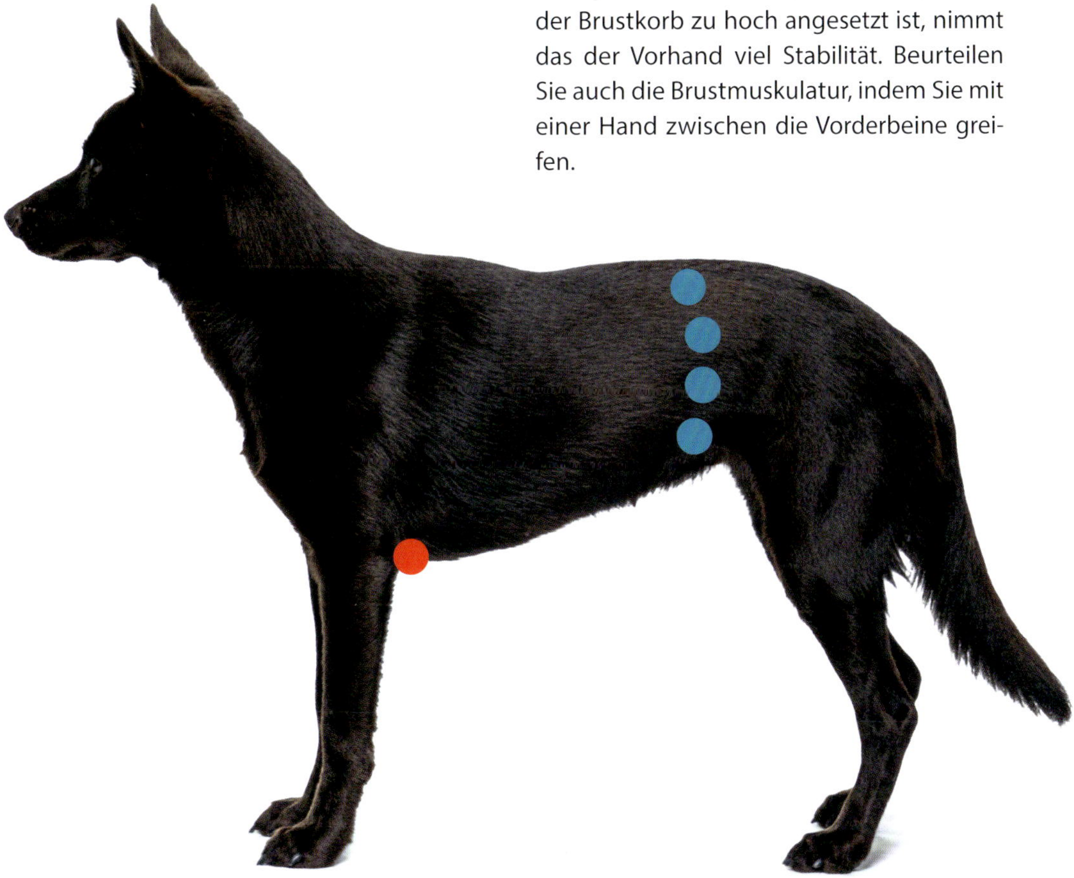

Stellung Becken/Kruppe: Diese sollte circa 30° Gefälle aufweisen. Nehmen Sie den oberen Rand des Darmbeinflügels (=Hüfthöcker) und den Sitzbeinhöcker der gleichen Seite als Maßstab und verbinden Sie beide Punkte zu einer Linie (rote Linie), um den Neigungsgrad im Verhältnis zur Horizontalen (blaue Line) zu ermitteln. Das Becken harmoniert mit seiner Winkelung mit der Stellung des Schulterblattes und bildet somit eine spiegelverkehrte Einheit.

Ist das Becken zu steil, verändert sich auch die Stellung des Oberschenkels. Dies hat zur Folge, dass es zu einem Aufwärts- statt zu einem Vorwärtsschub kommt. Liegt das Becken zu flach, muss die Vorderhand dies kompensieren.

Der Lage des Beckens sollte man genauso viel Bedeutung beimessen wie der Lage des Schulterblattes. Dysfunktionen im Becken verhindern die Beweglichkeit und einen gleichmäßigen Schub über die Wirbelsäule, was Rückenverspannungen zur Folge haben kann.

Hinterhandwinkelung: Das Lot fällt hinten vom Sitzbeinhöcker direkt in die Zehen der Hinterpfote und sagt viel über die Winkelung aus. Bei größeren Abweichungen hat ein Hund ein Schubkraftdefizit der Hinterhand. Dies bedeutet, dass der Hund, um beispielsweise über eine Hürde zu springen, mehr Kraft aufwenden muss. Hunde mit einer schlechten Winkelung in der Hin-

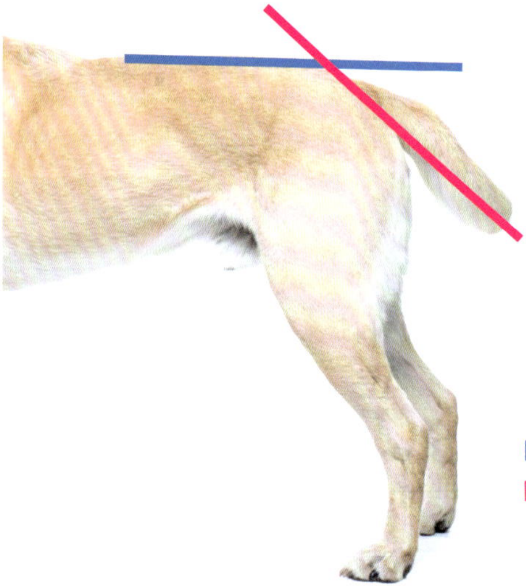

Normale Beckenstellung

Horizontale Rückenlinie
Beckenachse

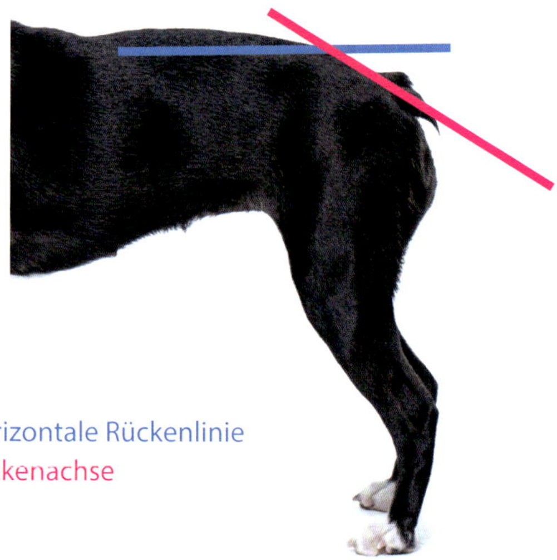

Waagrechte Beckenstellung

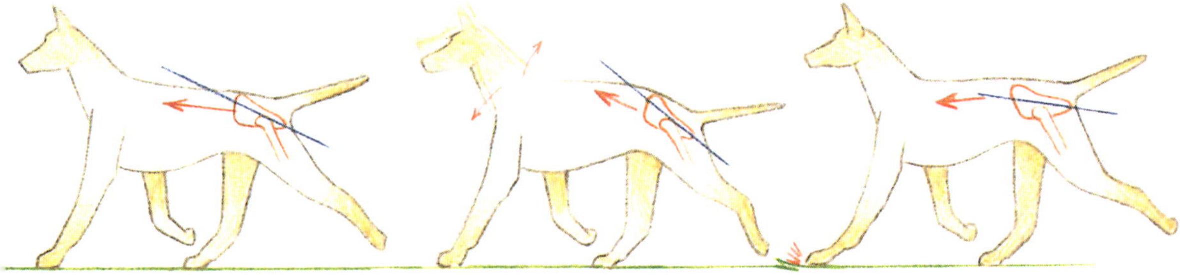

Schub wird gleichmäßig über den Rücken nach vorne gegeben *Schub geht steil in Richtung der Wirbelsäulenmitte* *Schub geht zu flach in Richtung Schultergelenk*

terhand können schlechter beschleunigen und springen als Hunde mit einer gut gewinkelten Hinterhand.

Hunde mit einem längeren Rücken verfügen sowohl in der Vorderhand als auch in der Hinterhand über einen längeren Mittelfuß. Dies führt zu einer stärkeren Winkelung, wie im Bild rechts zu sehen ist.

Stellung Mittelfuß und Sprunggelenk: Der Mittelfuß sollte senkrecht stehen, da ansonsten ebenfalls ein Kraftverlust besteht. Ist der Unterschenkel zu lang, kommt es zu einer sichelbeinigen Stellung. Ist er zu kurz, steht der Mittelfuß zu steil, was zu Lasten der Hinterhandwinkelung geht. Oft ist bei kleineren Rassen (vor allem Zwergpinschern und Französischen Bulldoggen) eine

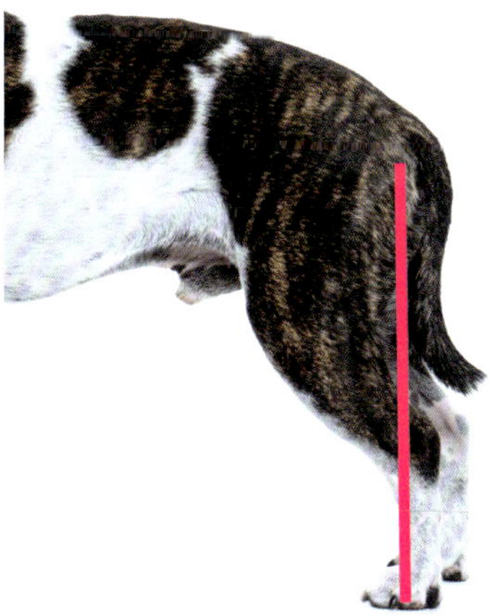

Hund steht im Lot

Hund steht nicht im Lot

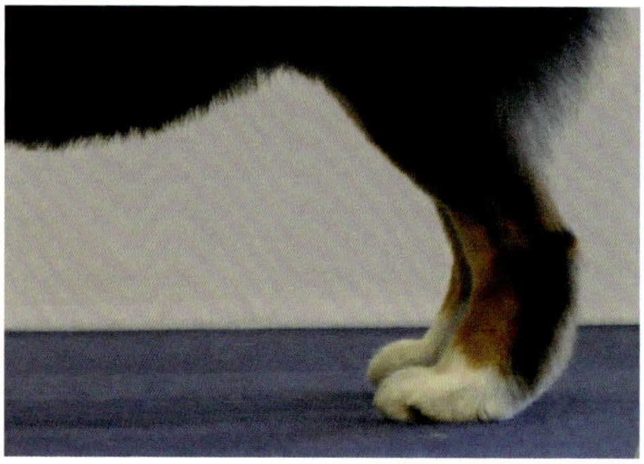

Sichelfuß

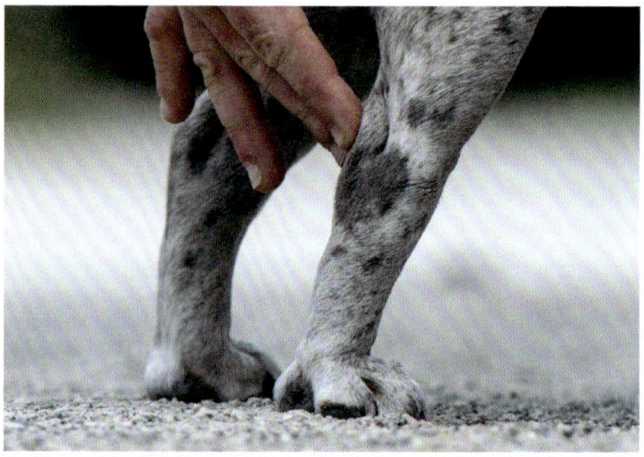

Instabiles Sprunggelenk

Instabilität von einem oder beiden Sprunggelenken vorhanden. Dabei klappt das Sprunggelenk bei einer maximalen Streckung nach vorne und es kommt zur Überdehnung der bindegewebigen Strukturen. Aus der Erfahrung heraus kommt dieses Problem nicht vom Sprunggelenk als solches. Vielmehr wäre denkbar, dass ein zu starker Muskelzug der Sprunggelenksstrecker auf der einen Seite mit einer gleichzeitigen Schwäche der Sprunggelenksbeuger auf der anderen Seite einhergehen. Auch wenn dies im Training schwer zu beeinflussen ist, sollte bei dieser Problematik nicht in maximaler Streckung trainiert werden, um die Hypermobilität nicht noch zu verstärken. Eine Dysfunktion seitens des Beckens und/oder der Streckerkette kann in Betracht gezogen werden.

Pfotenstellung: Wie an den Vordergliedmaßen kann es auch an den hinteren Pfoten zu Fehlstellungen kommen. Die Pfoten können nach innen oder außen rotiert stehen oder die Hauptbelastung mehr auf den inneren oder äußeren Zehen liegen. Manchmal sieht man auch einen zu großen Schwerpunkt auf den hinteren großen Ballen, sodass sich die Zehen vorne aufrichten. Wenn die Pfote nach innen oder außen rotiert, muss differenziert werden, woher die Rotation kommt. Zum Teil erscheint es nur so, als ob die Pfote aus sich heraus rotiert, dabei fängt die Fehlstellung schon weiter oben an und die Pfote dreht nur mit.

Bild 1: normaler Stand
Bild 2: steiler Mittelfuß
Bild 3: überwinkeltes Sprunggelenk

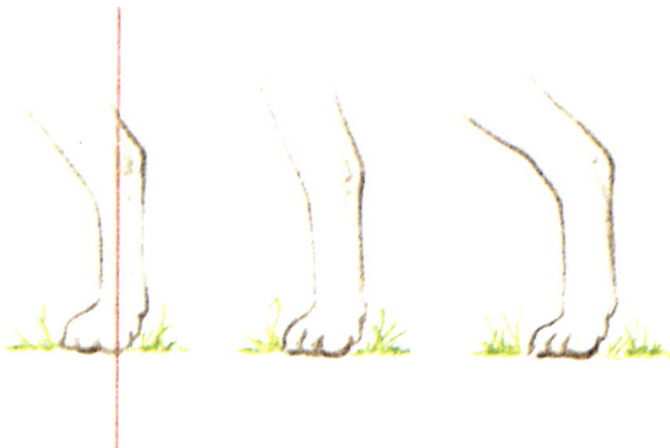

Bild 1: normaler Stand
Bild 2: kuhhessiger Stand (Valgusstellung)
Bild 3: nach außen gestellte Sprunggelenke (Varusstellung)

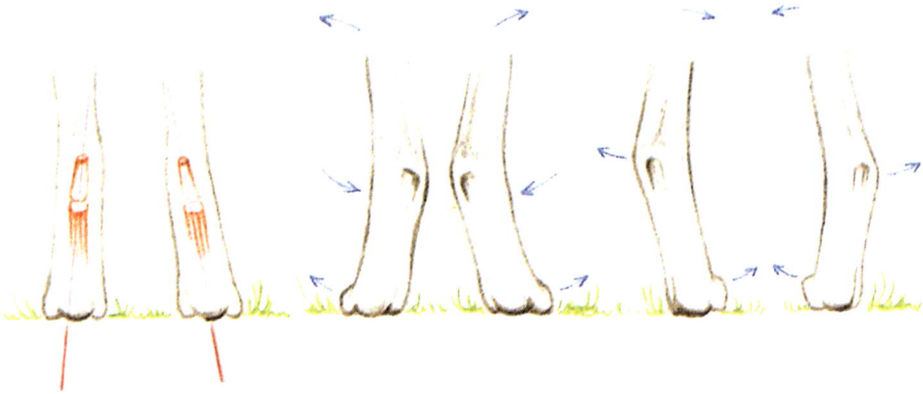

Hinteransicht: Bei der Ansicht von hinten sind oft Auffälligkeiten bei der Stellung der Hintergliedmaßen zu bemerken. Im Idealfall stehen die Hinterbeine parallel und ohne Abweichungen nach innen oder außen. Bei einer hochgradigen Hüftgelenksdysplasie sieht man oft eine sogenannte X-Beinigkeit (Valgusstellung). Dies bedeutet aber nicht, dass jeder Hund der X-beinig steht eine Erkrankung in den Hüftgelenken haben muss. Beim X-beinigen Stand überwiegen die Adduktoren, also die Heranzieher der Hintergliedmaßen. Die äußere Oberschenkelmuskulatur hingegen ist oft atrophiert.

Vermehrt sieht man auch einen kompletten Engstand der Hintergliedmaßen oder eine Fassbeinigkeit (O-Beinigkeit oder Varusstellung), bei der nur die Pfoten eng beieinanderstehen. Beim kompletten Engstand/X-Beinigkeit herrscht auch wieder ein erhöhter Muskeltonus der Adduktoren der Oberschenkel, bei einer Fassbeinigkeit eher ein „zu viel" an äußerer Oberschenkeltätigkeit.

Den QR-Code zum Download des Fomulars für Körperscreening bei Hunden finden Sie auf Seite 71.

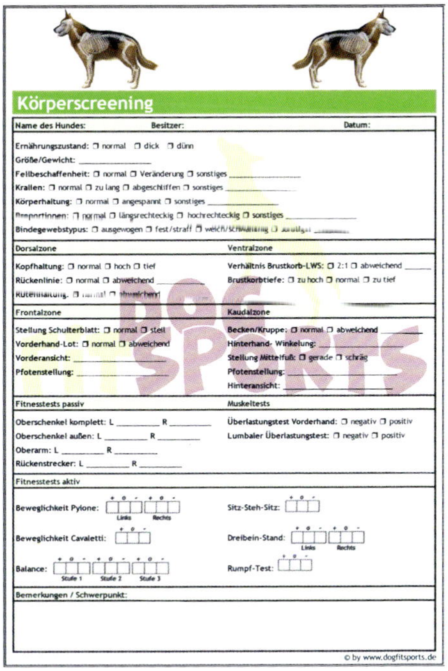

Körperscreening

Name des Hundes: Besitzer: Datum:

Ernährungszustand: ❐ normal ❐ dick ❐ dünn
Größe/Gewicht: ______
Fellbeschaffenheit: ❐ normal ❐ Veränderung ❐ sonstiges ______
Krallen: ❐ normal ❐ zu lang ❐ abgeschliffen ❐ sonstiges ______
Körperhaltung: ❐ normal ❐ angespannt ❐ sonstiges ______
Proportionen: ❐ normal ❐ längsrechteckig ❐ hochrechteckig ❐ sonstiges ______
Bindegewebstypus: ❐ ausgewogen ❐ fest/straff ❐ weich/schwammig ❐

Dorsalzone
Kopfhaltung: ❐ normal ❐ hoch ❐ tief
Rückenlinie: ❐ normal ❐ abweichend ______
Rutenhaltung: ❐ normal ❐ abweichend

Ventralzone
Verhältnis Brustkorb-LWS: ❐ 2:1 ❐ abweichend ______
Brustkorbtiefe: ❐ zu hoch ❐ normal ❐ zu tief

Frontalzone
Stellung Schulterblatt: ❐ normal ❐ steil
Vorderhand-Lot: ❐ normal ❐ abweichend
Vorderansicht: ______
Pfotenstellung: ______

Kaudalzone
Becken/Kruppe: ❐ normal ❐ abweichend ______
Hinterhand- Winkelung: ______
Stellung Mittelfuß: ❐ gerade ❐ schräg
Pfotenstellung: ______
Hinteransicht: ______

Fitnesstests passiv
Oberschenkel komplett: L ______ R ______
Oberschenkel außen: L ______ R ______
Oberarm: L ______ R ______
Rückenstrecker: L ______ R ______

Muskeltests
Überlastungstest Vorderhand: ❐ negativ ❐ positiv
Lumbaler Überlastungstest: ❐ negativ ❐ positiv

Fitnesstests aktiv
Beweglichkeit Pylone: + 0 - (Links) + 0 - (Rechts)
Beweglichkeit Cavaletti: + 0 -
Balance: + 0 - (Stufe 1) + 0 - (Stufe 2) + 0 - (Stufe 3)
Sitz-Steh-Sitz: + 0 -
Dreibein-Stand: + 0 - (Links) + 0 - (Rechts)
Rumpf-Test: + 0 -

Bemerkungen / Schwerpunkt:

© by www.dogfitsports.de

Die beiden wichtigsten Muskelfunktionsketten und Körperlinien

Die Streckerkette

Die Muskeln oberhalb der Wirbelsäule und der Kruppe, die Ischiocruralmuskulatur und die Wadenmuskeln, definieren im weitesten Sinne die Antriebsfunktion des Hundes.

Diese sind:

- Riemenmuskel (M. splenius)
- Rautenmuskel (M. rhomboideus)
- Langer Rückenmuskel (M. longissimus dorsi)
- Kruppenmuskeln (Glutealmuskulatur)
- Zweiköpfiger Oberschenkelmuskel (M. biceps femoris)
- Halbsehniger Muskel (M. semitendinosus)
- Halbhäutiger Muskel (M. semimembranosus)
- Wadenmuskulatur (M. gastrocnemius)

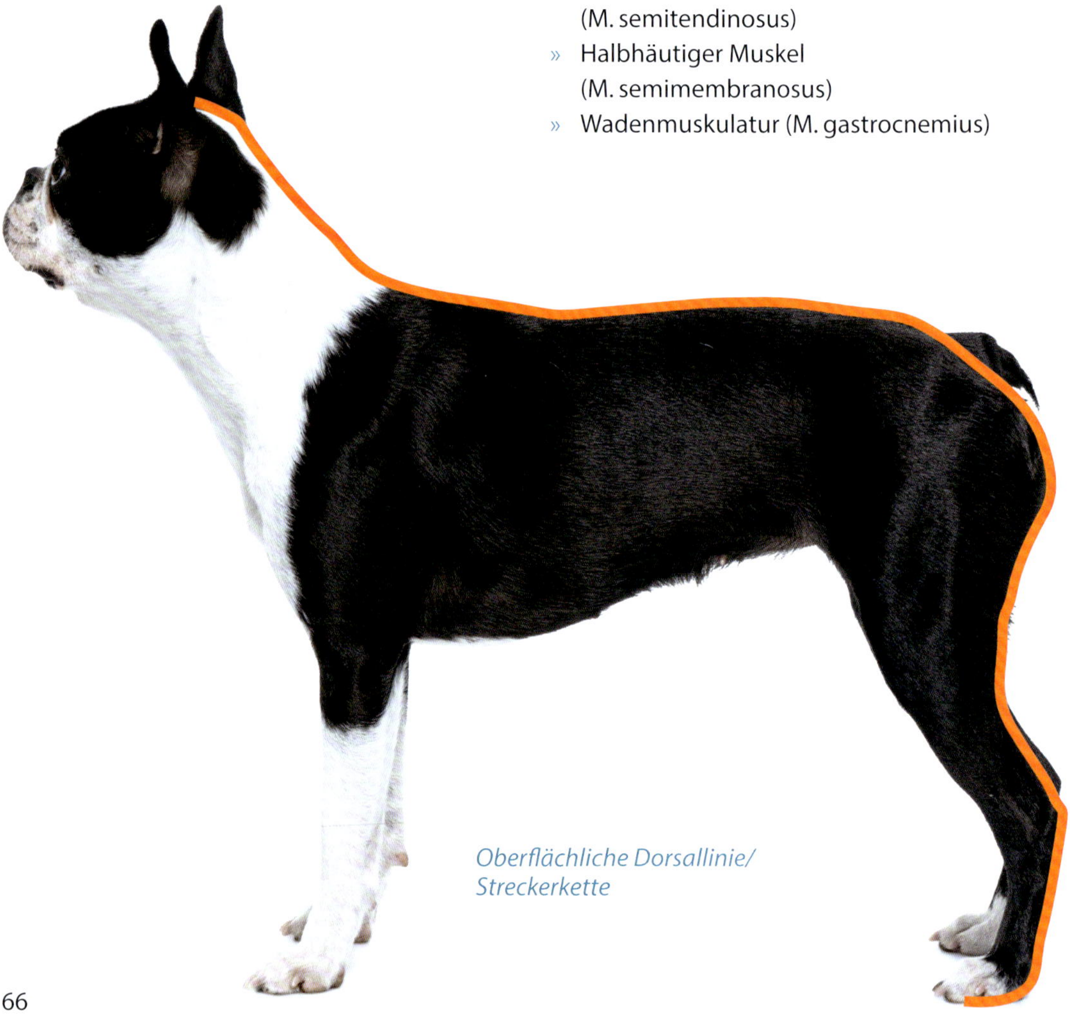

Oberflächliche Dorsallinie/ Streckerkette

Die oberflächlichen Rückenlinien

Diese entsprechen in etwa der Streckerkette, nur orientieren sich die Körperlinien mehr an den faszialen Verbindungen als an der Muskulatur.

Die oberflächlichen Rückenlinien (rechts und links) erstrecken sich vom Hinterhaupt (Lig. nuchae und kurze Nackenmuskeln) über den ganzen Rücken sowie über das Kreuzbein (Sakrum) und die Ligamente sacrotuberale zwischen Kreuzbein und Sitzbein. Sie ziehen sich weiter über die Ischiocruralmuskulatur bis hin zur Wadenmuskulatur, gehen über das Fersenbein und enden unterhalb der Pfote.

Diese Linien werden in der Sagittalebene beansprucht und weisen oft eine Störung durch Verkürzung auf. Nicht selten tritt diese Problematik auch nur einseitig erkennbar auf. Hunde, die dies betrifft, sind vorne tiefer und hinten höher gebaut, wodurch sie den Kopf höher tragen müssen (Rassen mit kurzem Hals). Sie weisen eine *Lordose* (Überstreckung der Wirbelsäule), eine horizontale Kruppe, eine überbaute Hinterhand mit wenig Winkelung, eine verkürzte Ischiocruralmuskulatur und instabile Sprunggelenke nach vorne (kranial) auf. Eine deutliche Seitendifferenz findet sich häufig bei Hunden, die diagonal gehen wie bulldogartige Hunde oder auch bei Hunden vom nordischen Typ (siehe Bild Boston Terrier auf S. 66).

Bewegungsfunktion der oberflächlichen Dorsallinie/Streckerkette

Das Training erfolgt gegenläufig und kann wie folgt aussehen:

- Beugung von Kopf und Hals
- Beugung der Wirbelsäule
- Beugung der Hüfte und Streckung des Knies zum Beispiel Versammlung mit tiefem Kopf und Dorsal-Stretch (siehe Seite 281)

Die Beugerkette

Die Muskeln unterhalb der Wirbelsäule, des Beckens und der vorderen Oberschenkelkontur definieren die Beugerkette, versammeln den Körper in der Bewegung und sorgen für Stabilität.

Diese sind:

- Halsbeuger (M. longus colli)
- Oberarm-Kopf-Muskel (M. brachiocephalicus)
- Bauchmuskeln (Mm. abdominales)
- Lenden-Darmbeinmuskel (M. iliopsoas)
- Vierköpfiger Oberschenkelmuskel (M. quadriceps femoris)
- Vorderer Schienbeinmuskel (M. tibialis cranialis)

Oberflächliche Ventrallinie/ oberflächliche Ventrallinie/Beugerkette

Die oberflächlichen Ventrallinien

Die oberflächlichen Ventrallinien sind entsprechend der Beugerkette der Gegenspieler zu den oberflächlichen Rückenlinien und somit auch der Streckerkette.

Sie bieten mit ihrer Gegenspannung Stabilität und Schutz für die empfindlichen Organe, die darunter liegen.

Diese Linien verlaufen angefangen am Hinterbein an den Zehenspitzen über die Zehenstrecker, weiter zum Oberschenkelstrecker, der Bauchmuskulatur, dann über das Brustbein zum Brustbein-Kopf-Muskel (M. sternocephalicus) bis hin zum Schläfenbein.

Das Gleichgewicht in der sagittalen Ebene hängt vom Spannungsverhältnis der oberflächlichen Rückenlinie (Streckerkette) und der oberflächlichen Ventrallinie ab.

Wird die ganze Linie aktiviert, führt dies zu einer Streckung der Zehen, einer Beugung des Sprunggelenkes, einer Streckung der Knie, einer Beugung der Hüftgelenke und des Rumpfes bis hin zum Hals (siehe Bild). Das können Hunde sein, die eine Kyphose (Aufkrümmung) der Wirbelsäule, eine stark abfallende Kruppe, eine Schrittverkürzung nach hinten weg, einen aufgezogenen Bauch oder eine eher tiefe Kopfhaltung vorweisen.

Das Training erfolgt gegenläufig und kann wie folgt aussehen:

- Streckung von Kopf und Hals
- Streckung der Wirbelsäule
- Streckung der Hüfte und Dehnung der vorderen Oberschenkelmuskulatur, zum Beispiel Ventral-Strecker (siehe Seite 224) und Ventral-Stretch (siehe Seite 283)

BUCHTIPP

Anatomy Trains: Myofasziale Leitbahnen

Thomas W. Myers

Bewegungsfunktion der Beugerkette

Fitness-Tests

Passive Tests

Mit den passiven Tests können Sie Muskeldifferenzen und Überlastungszonen aufdecken. Sie sind oft sehr aufschlussreich und für Ihr gezieltes Training sehr wichtig. Bei der Durchführung sollte der Hund stets gerade stehen. Daher ist es sinnvoll, diese Tests mit einer Hilfsperson durchzuführen.

Bei deutlichen Befunden konsultieren Sie bitte einen Tierarzt oder einen Physiotherapeuten.

Hier werden jeweils beide Oberschenkel auf der Außenseite abgestrichen und auf Seitendifferenzen untersucht.

Hier wird jeweils ein Oberschenkel in beide Hände genommen und im Vergleich zur gegenüberliegenden Seite auf einen allgemeinen Muskelumfang verglichen.

Muskeltest Oberschenkel

Hierbei wird die äußere Oberschenkelkontur betrachtet und betastet. Streichen Sie gleichzeitig beide Außenseiten von oben nach unten ab und beurteilen den äußeren Muskelstatus.

Nehmen Sie nun jeweils einen Oberschenkel zwischen Ihre beiden Hände und beurteilen den Umfang im Vergleich zur anderen Seite. Vertrauen Sie Ihrem ersten Eindruck. Damit liegen Sie sicher richtig.

Unter diesem Link finden Sie als Extra-Service ein Formular für ein Körperscreening bei Hunden, das sich in meiner Praxis und in unseren Ausbildungslehrgängen sehr bewährt hat. So können Sie systematisch vorgehen, vergessen nichts und haben den Ausgangszustand dokumentiert. www.kynos-verlag.de/F-F-F-Screeningbogen.htm

Muskeltest Rückenstrecker

Legen Sie beide Hände jeweils rechts und links seitlich der Wirbelsäule auf den Rücken und beurteilen Sie die Bemuskelung auf Gleichmäßigkeit. Beginnen Sie hinter den Schulterblättern und arbeiten sich abschnittweise Richtung Kruppe vor. Wenn eine Seite höher wirkt als die andere, ist diese Seite entweder besser bemuskelt oder der Hund ist auf dieser Seite verspannt. Im letzteren Fall würde er einem punktuellen Druck ausweichen.

Hier wird die Ausprägung der Rückenmuskulatur im Seitenvergleich kontrolliert.

Muskeltest Oberarm

Dabei umgreifen Sie gleichzeitig jeweils einen Oberarm zunächst von vorne und dann von hinten, um Muskeldifferenzen zu beurteilen. Oft deckt sich der Befund diagonal mit der Hinterhand (zum Beispiel hinten rechts weniger und vorne links mehr).

Hier wird jeweils ein Oberarm (M.biceps brachii) mit einer Hand umfasst und mit der Gegenseite verglichen.

Hier wird jeweils ein Oberarm (M.triceps brachii) mit einer Hand umfasst und mit der Gegenseite verglichen.

Lumbaler Überlastungstest

Bei diesem Test üben Sie gleichzeitig jeweils neben dem hinteren Wirbelsäulenabschnitt einen punktuellen Druck auf die Rückenstrecker aus. Im Falle einer Überbeanspruchung reagiert die Muskulatur mit einem mehr oder weniger starken Zucken oder der Hund weicht Ihrem Druck aus. Hunde, die eine Einschränkung der hinteren Gliedmaßengelenke aufweisen, einen langen Rücken haben und/oder Passgänger sind, leiden oft unter Verspannungen im Bereich der Lendenwirbelsäule.

Hier wird gleichzeitig mit beiden Zeigenfingern zur Körpermitte hin ein punktueller Druck ausgeübt.

Überlastungstest Vorderhand

Dafür geben Sie jeweils hinter den Schulterblättern gleichzeitig einen punktuellen Druck auf den breiten Rückenmuskel ab. Im Falle einer Überbeanspruchung reagiert der Hund unbewusst einseitig oder beidseitig mit einem Zusammenziehen der Muskulatur.

Wenn der Hund über längere Zeit das Gewicht von der Hinter- auf die Vorderhand verlagert oder eine Bewegungseinschränkung des Schulterblattes aufweist, tritt diese Problematik auf. In jedem Fall ist die Bewegung der Gliedmaße nach vorne eingeschränkt.

Hier wird ebenfalls gleichzeitig mit beiden Zeigenfingern zur Körpermitte hin ein punktueller Druck ausgeübt.

Aktive Tests

Wie bereits erwähnt muss der Körper als funktionelle Einheit gesehen werden, um ein zielgerichtetes Training zu planen. Ziel ist es, das schwächste Glied in der Bewegungskette zu finden, daran zu arbeiten und Defizite nicht durch allgemeines unspezifisches Training zu erhalten oder gar zu verschlimmern. Es wäre der falsche Weg, einfach nur ein paar Kraftübungen bei einer schwach bemuskelten Gliedmaße einzubauen und dadurch womöglich das Verletzungsrisiko zu erhöhen. Alle dargestellten Tests lassen sich gut in ein Seminar oder in Gruppenstunden integrieren, da die Hunde dafür keine Vorübungen benötigen.

EQUIPMENT: Pylone

ANZAHL: 1 x je Seite

Fitness-Test Beweglichkeit

1. Um die aktive Beweglichkeit und Flexibilität der Wirbelsäule zu bestimmen, können Sie Ihren Hund jeweils in beide Richtungen um eine Pylone gehen lassen. Achten Sie bitte auf eine gleichmäßige Biegung der Wirbelsäule sowie auf etwaige Ausweichbewegungen der Gliedmaßen. Neurologische Defizite lassen sich bei diesem Test ebenfalls aufdecken. In diesem Fall hätte Ihr Hund Schwierigkeiten, eine oder mehrere Gliedmaßen zu koordinieren.

2. Die Gelenkbeweglichkeit sowie den Raumgriff der Gliedmaßen können Sie mit einer kleinen Cavaletti-Serie bestimmen. Ermitteln Sie bitte, wie im Kapitel Cavaletti-Training (ab Seite 142) beschrieben, den entsprechenden Stangenabstand. Stellen Sie vier bis fünf Cavaletti-Stangen auf der niedrigsten Stufe auf eine rutschfeste Unterlage und lassen den Hund im Schritt darüber gehen.

Notieren Sie Auffälligkeit wie das Unvermögen, eine oder mehrere Gliedmaßen anzuheben, Schrittverkürzungen oder auch Koordinationsschwierigkeiten. Falls schon gravierende neurologische Defizite bekannt sind, lassen Sie diesen Test bitte aus.

Fitness-Test Balance

Hierbei können Sie die Balancefähigkeit und die Anpassungsfähigkeit Ihres Hundes testen. Für diesen Test benötigen Sie eine leicht instabile Matte, eine Plattform, die etwas mehr nachgiebig ist, zwei Balance-Pads oder ähnlich wackelige Untergründe sowie ein großes wackeliges Tool, auf dem sich der Hund mit seinem ganzen Körper ausbalancieren muss. Die Unterstützungsfläche sollte so gewählt sein, dass Ihr Hund darauf normal – also nicht versammelt – stehen kann. Führen Sie Ihren Hund nun nacheinander auf jede Station und beobachten Sie, wie lange er braucht, um seine Balance zu finden. Achten Sie bitte auf eine ruhige Arbeitsweise. Wichtig ist dabei, dass Ihr Hund die Balance selbstständig findet und auch hält. Daher empfiehlt es sich, bei diesem Test ohne Futter zu arbeiten.

Ich empfehle eine Bewertung von 1 (sehr gut), 2 (mittelmäßig) und 3 (unzureichend) für jede Station. Wenn Sie einen Senior oder einen Hund mit neurologischen und/oder gravierenden muskulären Defiziten testen, passen Sie diesen Test bitte im Schwierigkeitsgrad entsprechend an.

EQUIPMENT

Instabile Untergründe

FitPaws Fitbone | *FitPaws Balance-Disc* | *FLEXIness Twindisc* | *Schaumstoffmatte*

Fitness-Test Kraft

Mit diesen Tests wird die muskuläre Ausdauer getestet. Dies gibt Ihnen eine Orientierung bezüglich der Bereiche, die Sie mehr trainieren sollten. Da die Hinterhand deutlich häufiger in den Fokus gerät als die Vorhand, stehen Ihnen für die Hintergliedmaßen zwei Tests und für den Rumpf/Vordergliedmaßen ein Test zur Verfügung.

ANZAHL
5 Wiederholungen

EQUIPMENT
FitPaws Sports KLIMB™

1. Sitz-Steh-Sitz am Schrägbrett (konzentrisch-isometrische Muskelarbeitsweise)

Dieser Test soll Aufschluss über die dynamische Kraftentwicklung der Hinterhand geben. Setzen Sie den Hund hierbei auf ein Schrägbrett mit wenig Steigung. Der Hund sollte vorne höher stehen als hinten. Sie stellen sich nun frontal zum Hund und geben das Wortsignal für „Steh". Alternativ können Sie den Hund auch mit Futter in die Position locken. Achten Sie aber bitte darauf, dass Ihr Hund sich nicht mit der Vorderhand in das „Steh" zieht, sondern tatsächlich die Hinterhand einsetzt. Notieren Sie sich Auffälligkeiten wie Ausweichbewegungen (einer Seite), Korrekturbewegungen, kraftloses Absetzen (Körperspannung), sowie Muskelzittern.

2. Dreibein-Stand (isometrische Muskelarbeitsweise)

Sie testen dabei die Kraftausdauer in einer statischen Position. Nehmen Sie für diesen Test eine Plattform oder eine ähnliche Erhöhung und locken Sie Ihren Hund mit den Vordergliedmaßen darauf. Sobald Ihr Hund entspannt steht, heben Sie langsam mit Ankündigung ein Vorderbein an. Ich nehme für diesen Test immer Futter in die eine Hand. Daran darf der Hund knabbern. Mit der freien Hand nehme ich das Bein auf. Ihr Hund sollte problemlos und stabil stehen. Die Hintergliedmaßen sollten unbedingt parallel stehen. Sie testen jeweils hauptsächlich die diagonale Seite des angehobenen Vorderbeines. Notieren Sie Auffälligkeiten wie Ausweichbewegungen, Korrekturbewegungen, Muskelzittern oder auch Stresszeichen. Arbeiten Sie bitte nicht gegen den Hund. Er sollte sich dabei zu keiner Zeit unwohl fühlen.

ANZAHL

5 Wiederholungen (anspannen und nachlassen)

EQUIPMENT

IKEA Hocker

3. Rumpf-Test (isometrische Muskelarbeitsweise)

Anhand dieses Tests können Sie die dynamische Kraftentwicklung des Rumpfes sowie der Vorderhand testen. Der Hund befindet sich für diesen Test mit den Vorderbeinen parallel auf einem kleinen Hocker (maximal Ellbogenhöhe des Hundes). Nun lenken Sie den Hund entweder mit Futter, besser noch mit dem Kinntarget in Ihre Richtung, sodass er sich kraftvoll nach vorne stemmen muss. Halten Sie wenn möglich diese Position 5 Sekunden und entlassen ihn dann wieder aus der Stemmposition.

BASISWISSEN TRAINING

Wenn wir unserem Trainingspartner Hund Fitnessübungen verständlich vermitteln möchten, kommen wir nicht umhin, uns mit dem Thema Training an sich auseinanderzusetzen. Dieses Thema alleine ist schon buchfüllend. Daher versuche ich hier, das aus meiner Sicht Wichtigste auf den Punkt zu bringen.

Die Belohnung (primärer Verstärker)

Nicht für jeden Hund ist Futter als Belohnung das ultimative Argument im Training. Dennoch ist die Futterbelohnung der Spielzeugbelohnung vorzuziehen, da unser Hund mit Spielzeug in eine zu hohe Erregungslage kommt. Des Weiteren muss er seinen Trainingsort verlassen, um sich seinem Spiel hinzugeben und wir brauchen im Anschluss zu lange, um wieder Ruhe in das Training und den Hund zu bekommen. Es ist nicht sinnvoll, eine statische Übung oder eine Entspannungsübung mit Spielzeug aufzulösen. Die Erwartungshaltung wäre in Folge bei dieser Übung unter Umständen zu hoch. Sparen Sie sich also das Spielzeug für ganz bestimmte Übungen aus dem Sporthundebereich auf.

Wenn Sie Übungseinheiten vorbereiten, stellen Sie optimalerweise Leckerchen mit zweierlei Wertigkeiten bereit. Das können ein paar ganz normale Trockenfutterbrocken sein, um den Hund in eine bestimmte Position zu führen, sowie ein paar schmackhafte Leckerchen, die nicht zerkaut werden müssen und in etwa erbsengroß sind (zum Beispiel Käsewürfel). Die hochwertigeren Leckerchen sind die eigentliche Belohnung. Für viele statische Übungen empfiehlt es sich, eine Futtertube zu verwenden, da Hunde erfahrungsgemäß so ruhiger arbeiten als beim Füttern von einzelnen Leckerchen.

Eine tolle Idee für kleine selbstgemachte Trainingsleckerchen sind Silikonbackmatten, die Einbuchtungen von 1 cm Durchmesser haben.

Jamies Leckerchen
1 Gläschen Babynahrung
(z. B. Lachs-Kartoffel)
2 Eier
4 EL Dinkelmehl
1 EL Kokosöl

Zutaten miteinander vermengen und auf der Backmatte verteilen und bei 150 °C Umluft 12 Minuten backen.

MERKE

Das Markerwort markiert punktgenau das gewünschte Verhalten.

Der sekundäre Verstärker

Der sekundäre Verstärker ist das Versprechen auf die ersehnte Belohnung und kommt punktgenau in diesem Moment, in dem das erwünschte Verhalten auftritt. Es ist dabei Ihnen überlassen, ob Sie einen Clicker oder ein sogenanntes Lobwort (aus dem Clickertraining auch bekannt als Markerwort) wie zum Beispiel „Yes" oder „Supi" verwenden - sofern Ihr Timing stimmt und der Hund weiß, was damit gemeint ist. Der Click und das Markerwort stehen immer für ein Versprechen/Belohnung – in dem Fall das Versprechen auf Futter. Benutzen Sie als Markerwort ein Wort, das Sie ansonsten im Alltag nicht verwenden.

Für unseren vierbeinigen Trainingskollegen ist es natürlich viel schöner, wenn wir uns für seine tolle Leistung hörbar freuen und nicht immer nur emotionslos auf das Knöpfchen drücken. Daher kombiniere ich gerne beide Varianten. Es ist von Vorteil, wenn das Markerwort oder der Click, mit dem wir das aktuelle Verhalten fixieren möchten, nicht die Übung auflöst. Der Hund soll nicht wie von der Tarantel gestochen vom Peanutball springen und somit die Position verlassen. Ich habe zusätzlich noch ein Markerwort für die Schulnote eins mit Fleißsternchen eingeführt. Dies ist bei mir ein anerkennendes „WOW", das mehr Futter oder ein hochwertigeres Futterstück ankündigt.

Wichtig ist nur, dass Sie eine Linie im Training verfolgen und mit Ihren Signalen selbst nicht durcheinandergeraten.

Keep Going-Signal

Das Keep Going-Signal kann eingesetzt werden, wenn der Hund zwar auf dem richtigen Weg, aber noch nicht am Ende der Übung angelangt ist. Dieses Signal ermutigt ihn zum Weitermachen und gibt ihm Sicherheit. Damit das Signal gut wahrgenommen wird, empfiehlt es sich, ein ON-OFF Signal zu verwenden (zum Beispiel Tick-tick-tick-tick…) oder ein Wort, das zwar durchgängig ist, sich aber in der Tonlage verändert. Bei mir ist es ein erwartungsvolles „Jaaaaaaa“. Das Keep Going-Signal kündigt immer den sekundären Verstärker an und wird vom Lobwort oder Click abgelöst.

Futterlocken und direkte Belohnung

Da meist sehr nah am Hund gearbeitet wird, können Sie bei einigen Übungen auch direkt belohnen ohne vorher einen sekundären Verstärker einzubauen. Möchten Sie zum Beispiel, dass der Hund sein Kinn in Ihre Hand legt, können Sie die Schnauze mit einem Futterbrocken in die Hand „ziehen“. Sobald die gewünschte Position erreicht ist, geht die Futterhand auf. Das Futterlocken kann gut eingesetzt werden, um eine erste Idee für eine Übung zu kreieren. Es ist schwieriger bei Hunden, die extrem futterorientiert sind und beim Anblick eines Futterstückchen in blanke Hektik verfallen. Bei diesen Hunden kann man beispielsweise die Begeisterung mit Karottenstückchen statt Käse ein klein wenig drosseln.

Der Belohnungsort

„We click for action and feed for position.“

Um dem Hund das Lernen einer Übung verständlicher zu machen und somit auch das Training effektiver zu gestalten, lohnt es sich, sich Gedanken um den Belohnungsort zu machen.

Wenn ich also möchte, dass mein Hund die Übung „Kinntarget“ (siehe Seite 103) gut versteht, informiere ich ihn mit dem sekundären Verstärker (Clicker, Markerwort) sobald oder solange er noch in der Position ist und füttere dann zusätzlich – wenn möglich – genau in dieser Position.

Futterwerfen/Futterrollen

Wenn Sie eine Übung auflösen oder der Hund sich neu ausrichten soll, kann durch das Wegrollen eines Futterstückchens (kein hochwertiges Futter) Abstand gewonnen werden. Dies kann beispielsweise angewendet werden, wenn der Hund erneut selbstständig seine Position auf der Plattform (siehe Koordinationstraining Seite 110) aufsuchen soll. Ich empfehle das Futterwerfen/Futterrollen aber nicht bei hochtourigen Hunden, die ohnehin immer sofort auf Vollgas schalten. Hier wäre zum Beispiel ein gesprochenes „Ok" mit einer ruhigen wegführenden Handbewegung die bessere Variante.

Stress und Ermüdung im Training

Es gibt Mensch-Hund-Teams, bei denen man mit Freude zusieht und solche, die erst noch als Team zusammenwachsen müssen. Dies erfordert Übung, ein gutes Auge und viel Gefühl. Grundsätzlich sollte die Stimmung im Training immer positiv sein. Schlechte Laune und Stress haben in einer Trainingseinheit nichts zu suchen.

Auch wenn ich einen Trainingsplan erstellt habe, kann es sein, dass eine Übung so toll geklappt hat, dass ich das Training so stehen lasse, ohne die Übung nochmal zu wiederholen.

In den Kursen erlebe ich häufig, dass eine Übung endlich super geklappt hat und die Besitzer es in ihrer Euphorie nochmal und nochmal versuchen. Was passiert? Es klappt gar nichts mehr und es entsteht Frust auf beiden Seiten.

Wenn Sie Stress und Ermüdungszeichen am Hund feststellen, ist es eigentlich schon zu spät. Die Anzeichen müssen allerdings gedeutet werden können.

Ermüdungszeichen können sein:

- die Konzentration nimmt ab
- Meideverhalten
- plötzliche Spielaufforderung/den Kasper machen
- Position kann nicht mehr sauber gehalten werden
- Hecheln
- beginnende Grobmotorik

Stresszeichen können sein:

- Gähnen
- Wegblicken
- Züngeln
- Hecheln
- Kratzen
- große Augen, angelegte Ohren, zurückgezogene Maulwinkel
- unmotiviertes Schnüffeln

Häufige Fehlerquellen

Eine häufige Problematik im Training bei ungeübten Teams ist die Ungeduld seitens des Menschen – häufig ausgelöst durch ein Leistungsmessen in der Trainingsgruppe. Wenn Sie eine schwere Rechenaufgabe lösen sollen und Ihnen eine Person über die Schulter schaut die ständig fragt „Na, hast Du es schon?“ wird indirekter Druck ausgeübt und man kann sich nur schwer konzentrieren.

Im Aufbau einer Übung sollte deshalb auf eine reizarme Umgebung geachtet werden. So ist es ungünstig, wenn beispielsweise ein Zweithund vor Ort ist, der ständig dazwischen hampelt, oder spielende Kinder anwesend sind, der Fernseher läuft und so weiter. Versetzen Sie sich wieder in die Lage, eine schwere Rechenaufgabe lösen zu müssen.

Auch von Ihnen selbst darf keine große Ablenkung ausgehen. Also ruhige Körperhaltung und kein wildes Gestikulieren. Hierbei wäre der Hund bereits damit überfordert, die Gestik richtig einzuordnen. Achten Sie auf klare Signale und sprechen Sie nicht zu viel während des Trainings.

Tipps und Tricks zum Training

» Ist der Fokus des Hundes zu sehr auf dem Futterbeutel › Futter in die Hosentasche stecken oder eine externe Futterstelle wählen (Stuhl oder Fenstersims).
» Futter ist generell sehr aufregend für den Hund › Qualität des Futters etwas senken (zum Beispiel statt Käse Karottenstückchen).
» Wenn der Körper immer nach der Futterstelle ausgerichtet wird › Futterstelle variieren.

Wenn alle drei Punkte auf Ihren Hund zutreffen › Impulskontrolle mit Futter trainieren

» Wenn der Hund sich immer setzt, aber stehen soll › Futterpunkt auf Brusthöhe, Abstand zum Hund vergrößern (bei kleinen Hunden besser hinknien).
» Wenn sich der Hund an den Geräten immer gerne setzt › für das bessere Verständnis anfangs vorne etwas erhöhen (wenn möglich).
» Wenn der Hund die Position immer nach vorne weg verlässt › näher zum Hund stellen und die Auflöserichtung überprüfen (immer nach vorne weg?).
» Wenn der Hund meist zu hektisch ist › viele statische Übungen einplanen und die Futterqualität überdenken.

Ruhestation/Pause

Wenn der Hund zwischendurch eine kleine Ruhepause braucht, Sie zwischen zwei Hunden abwechseln möchten oder den Parcours umbauen müssen empfiehlt es sich, eine Ruhestation einzurichten. Entweder Sie nutzen dafür eine Hundebox, eine Decke oder einen niedrigen Tisch mit Decke. Wenn Sie mit mehreren Hunden trainieren ist es besser, die Ruhe-Station außer Sicht aufzustellen. Natürlich ist es für den pausierenden Hund trotzdem sehr schwer, abzuschalten. Aber sicher besser, als den Hundekollegen direkt im Blick zu haben.

Dies kann mit zunehmendem Trainingsstand der Hunde natürlich variieren und diesbezüglich optimiert werden.

BUCHTIPP

Verstärker verstehen. Über den Einsatz von Belohnung im Hundetraining

Viviane Theby

Anschalten und Ausschalten

Um für den Hund klar das Training zu starten und auch zu beenden, empfehle ich ein entsprechendes Signal wie „Action" und „Eeeeende". Sie können das Ganze natürlich noch mit einer Körpergeste unterstreichen. Der Hund wird es Ihnen danken, wenn er stets weiß, woran er ist.

Verschiedene Hundetypen im Training

Typ „Phlegmatiker":

Ein Warm-up ist für alle Typen wichtig. Aber wenn die Motivation schnell abflacht, würde ich diesen Teil kurz und abwechslungsreich gestalten.

Hier können Sie einleitend ein kleines Actionspiel mit Futter starten, indem Sie Futterbrocken mit einem aufmunternden Geräusch von sich wegrollen. Sie können zudem auch noch die Spannung mit einem „Achtung" und einer einladenden angespannten Körperhaltung Ihrerseits erhöhen. Beginnen Sie mit ein oder zwei Übungen, die der Hund extrem toll findet oder Übungen mit Bewegungselementen. Auf spannende und abwechslungsreiche Trainingsgestaltung achten – auch bei der Belohnungswahl. Dies ist ein Typ, bei dem gerne kleine Spielsequenzen eingebaut werden können und auch mit mehr Stimme gearbeitet werden darf.

Die Belohnungsrate sollte bei diesen Hunden hoch sein. Also keine langen Durststrecken erzeugen, sondern kleinste Erfolge in die richtige Richtung sofort bestätigen. Hemmende Wortsignale wie „Nein" oder „Schade" sollten weggelassen werden. Der Phlegmatiker pausiert am besten mit einem Futterball oder einem gefüllten Kong zur Beschäftigung.

Typ „Der Unsichere/Der Zweifler":

Hierbei ist entscheidend, ob er Scheu vor Ihnen hat und Sie gerne eine Verbindung durch das Training herstellen möchten oder ob die Ängstlichkeit eher mit seinem eigenen Zutrauen oder den Gerätschaften zusammenhängt.

Wenn Sie selbst unsicher sind, wieviel Sie Ihrem Hund zutrauen können, arbeiten Sie am besten die ersten Male mit einem Verhaltenstherapeuten, da der Blick von außen oft sehr viel „Aha-Effekt" zur Folge hat.

Unsichere Hunde schätzen Rituale meist sehr. Achten Sie bitte auf eine sehr reizarme Umgebung und kurze Trainingseinheiten, da sich diese Hunde auch oft nicht sehr lange konzentrieren können. Ein langsamer Trainingsaufbau mit einer großen Belohnungsrate ist zielführend. Drehen Sie bitte immer nur an einem Schräubchen, das heißt: Verändern Sie nur eine Sache in einer Trainingseinheit. Alles, was Spaß macht und den Hund aus sich herausgehen lässt, ist erlaubt. Passen Sie aber auf, dass die Stimmung nicht in eine hektische Richtung kippt. Wenn Ihr Hund keinen Körperkontakt mag, bitte so wenig wie möglich anfassen, Abstand halten und auch nicht direkt beobachten. Nehmen Sie selbst eine lockere Körperhaltung ein und vermeiden Sie Signale wie „Nein" oder „Schade". Solche Signale wirken zu sehr hemmend. Damit Pausen und das Beenden der Trainingseinheit klar sind, aber nicht zu Unsicherheit führen, können Sie Ihrem Hund auch einen großen Keks oder Kong zur Beschäftigung geben. Das besänftigt die Nerven und beendet die Situation sehr angenehm, ohne dass Ihr Hund ins Grübeln kommt, ob er nun etwas falsch gemacht hat.

Typ „Hektiker/Triebbolzen":

Achten Sie bei diesen Hunden unbedingt auf die eigene Haltung. Dies schließt sowohl das Körperliche als auch das Mentale ein: lassen Sie sich niemals selbst von der Hektik des Hundes anstecken. Nehmen Sie stattdessen möglichst eine bequeme Haltung ein oder lungern sogar am Boden herum. Beim Training sollten Sie niemals genervt oder ungeduldig sein. Diese Hunde quittieren unser Fehlverhalten meist sofort. Von solchen Hunden kann man viel lernen, vor allem Selbstbeherrschung und die Erkenntnis, dass Sie Ihren Hund am besten über die Stimmung regeln können.

Auch wenn zum Warm-up eine gewisse Dynamik gehört, versuchen Sie nicht unnötig viel Bewegung oder gar aufheizende Beutespiele einfließen zu lassen. Das Training sollte mit statischen Übungen beginnen und auch damit enden (zum Beispiel Isometrie). Die Wiederholungen werden an das Temperament des Hundes angepasst. Bevor er sich hochschraubt, pausieren Sie kurz, ohne aber den Hund in Spannung zu bringen.

Wenn der Hund eigentlich kein Hektiker ist, kann es auch sein, dass die Anforderung momentan zu hoch ist, Signale zu undeutlich (widersprüchlich) oder unbewusst/bewusst Druck aufgebaut wird. Auch Druck, den Sie sich selbst auferlegen (zum Beispiel in einer Gruppe) saugt unser Hund ungefiltert auf und spiegelt Sie sogleich wider.

Für die Hundegruppe empfiehlt es sich, eine Futtertube zu verwenden, da das Futterlecken etwas beruhigt. In den Pausen dazwischen können Sie ein kleines Kauteil oder ein Spielzeug zum Stressabbau reichen. Sie sollten die Trainingssituation keinesfalls in Hektik verlassen. Setzen Sie sich lieber noch eine Weile mit Hund auf den Boden und lassen Sie ihn zur Ruhe kommen. Hier kann eine konditionierte Ruheübung oder Massage helfen.

MERKE

Unter Stress ist kein Lernen möglich. Das betrifft sowohl die Hektiker als auch die Unsicheren unter den Hunden.

ÜBUNGSTEIL GRUNDLAGEN

Trainingsutensilien

Es gibt inzwischen eine Vielzahl an Produkten, die auf dem Markt angeboten werden. Doch nicht alle diese Trainingsgeräte eignen sich für das Training mit Hund. Gerade die Angebote aus dem Discounter sollten Sie hinreichend auf Stabilität und Rutschfestigkeit prüfen. Das Material von günstigen aufblasbaren Tools ist nicht immer krallentauglich. Da lohnt es sich aus Sicherheitsgründen, doch etwas mehr Geld zu investieren.

Im Serviceteil (Seite 316) finden Sie Bezugsquellen für Fitnessgeräte speziell für Hunde, aber natürlich können Sie auch Ihren Haushalt auf geeignete Gerätschaften durchforsten.

Sie brauchen am Anfang nicht die Vollausstattung mit dazugehörigem Fitnessraum. Mit ein paar wenigen Geräten lässt sich schon ein abwechslungsreiches Training gestalten.

Unterschiedliche Targets aus dem Discounter.

Stationsbrett selbstgemacht

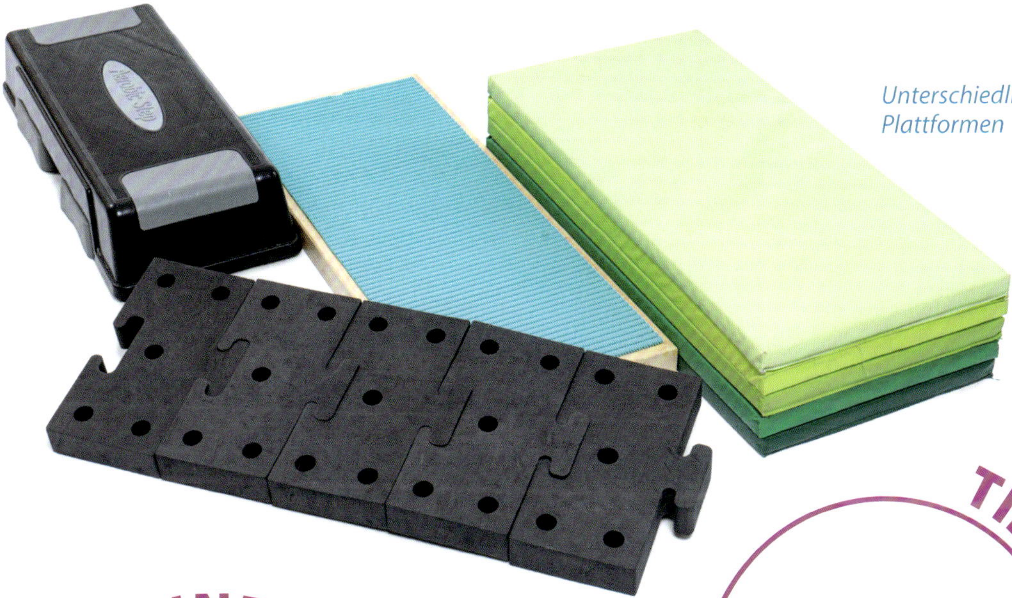

Unterschiedliche Plattformen

TIPP

Die Dogstepper-Elemente lassen sich sowohl als Cavaletti-Halter als auch für das Plattformtraining nutzen

AUSSTATTUNG FÜR BEGINNER

- 1 x Cavaletti-Set (6 Stangen)
- 1 x Plattform (Matte oder 6-8 Dogstepper)
- 1 x Hocker
- 1 x Balance-Pad

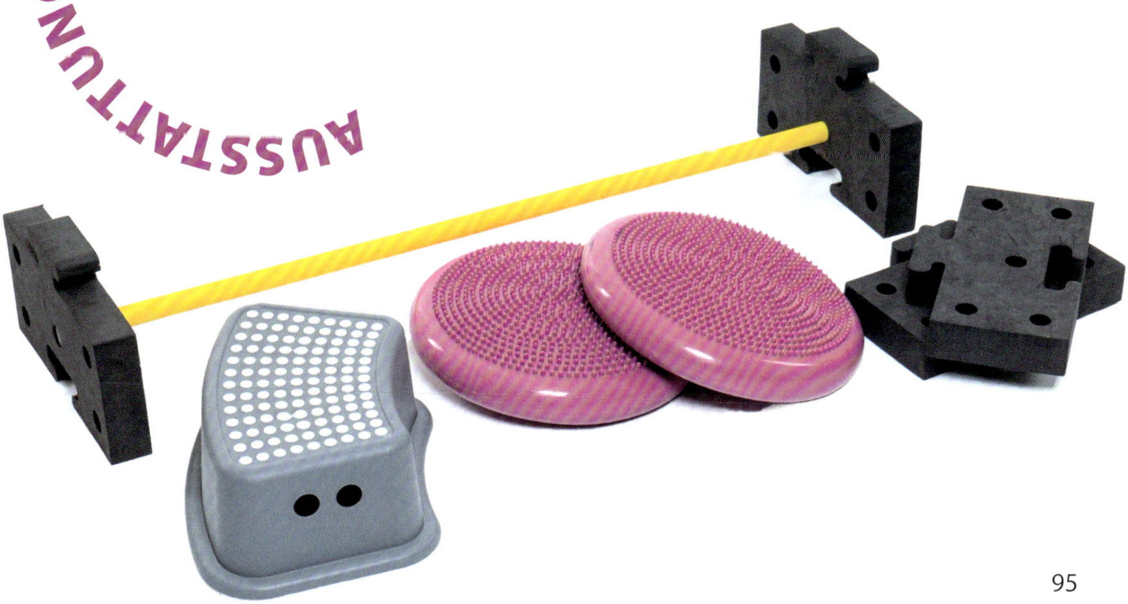

Sicherheit

Bitte achten Sie stets auf eine griffige Bodenbeschaffenheit. Ich verwende gerne Puzzlematten aus dem Fitnessbedarf. Die lassen sich leicht zusammensetzen und können auch mit auf Reisen genommen werden.

Falls Sie Peanutbälle in Ihrem Training verwenden, sollten Sie diese unbedingt sichern. Hierfür gibt es spezielle Peanutball-Ständer oder Sie basteln selbst eine flache Holzkiste, in die der Ball exakt passen sollte. Rechnen Sie immer damit, dass Ihr Hund jederzeit ausrutschen könnte. Er darf sich im Fall der Fälle nicht an einer Halterungsstange oder einer Kante an der Halterung verletzen.

Falls Sie einen aufblasbaren Donut besitzen, können Sie in das Loch in der Mitte einen Tennisball stecken. So kann Ihr Hund nicht versehentlich hineintreten.

Für Wackelbretter oder Balance-Discs sollten Sie zu Beginn in jedem Fall eine Stabilisierung wählen, die weich ist und nicht wegrutschen kann (Handtuch, Decke). Eine Holzwippe sollte bei einer Gewichtsverlagerung nicht auf den Boden knallen, damit sich Ihr Hund nicht erschrickt.

FitPaws Donut mit passendem Haltering und Tennisball in der Mitte.

Puzzlematten aus dem Fitnessbedarf für Menschen.

Schwierigkeitsgrad erhöhen durch wackelige Untergründe

Sie können viele Übungen durch den Einsatz von wackeligen Untergründen erschweren und damit mehrere Muskelgruppen ansprechen, sofern das Ihr Ziel ist. Der Hund muss immer wieder sein Körpergewicht ausgleichen. Dabei werden hauptsächlich die tiefliegenden Muskeln trainiert und die kleinen Rezeptoren in den Muskeln, Gelenkkapseln und Sehnen laufen auf Hochtouren. Sie müssen permanent Informationen mit dem zentralen Nervensystem austauschen.

Mit einem ungeübten Hund beginnen Sie immer mit einem stabilen Untergrund, den sie nach circa vier bis fünf Trainingseinheiten gegen eine Matte oder einen Teppich austauschen können. Nach weiteren Trainingseinheiten können Sie den Schwierigkeitsgrad durch wackeligere Gegenstände erhöhen. Dabei sollten sie Ihren Hund keinesfalls überfordern (siehe Fitness-Test Balance Seite 78).

EQUIPMENT

TOGU Dynair Extreme

Für große Hunde ist das Ausbalancieren auf einem Fitness-Tool wie zum Beispiel einem großen Balance-Pad deutlich schwieriger als für kleine. Der große Hund verdrängt durch sein Gewicht viel mehr Fläche und muss mehr Gewicht ausbalancieren. Sie können die Übung für einen großen Hund leichter machen, indem Sie mehr Luft in das Trainingsgerät geben. Für kleine Hunde erschweren Sie die Übung, indem Sie mehr Luft ablassen.

Eine größere Stabilität hat Ihr Hund, wenn er auf zwei gleich großen wackeligen Gegenständen und nicht auf einem großen Balance-Gegenstand steht. Sie sehen auf den unteren zwei Bildern den Vergleich. Auf dem linken Bild steht der Hund sicher und stabil. Auf dem rechten Bild hat der Hund deutlich mehr Mühe. Hier lässt sich die Übung bis zum Profi weiter steigern, wie Sie den Bildern entnehmen können. Um möglichst sicher das Gleichgewicht zu halten,

EQUIPMENT: Ikea Plufsig Gymnastikmatte

SCHWIERIGKEIT: EINFACH

EQUIPMENT: FitPaws Fitbone

SCHWIERIGKEIT: MITTEL

steht der Hund etwas breiter und die Hinterbeine werden stärker angewinkelt. Oft kann man auch sehen, dass die Hunde die ganze Fläche unterhalb des Sprunggelenkes zur Unterstützung nutzen und die Rute als Ruder einsetzen. Hunde, die auf dem Trainingsgerät stark wackeln und sich nicht nach kurzer Zeit ausbalancieren können, sind mit dieser Übung überfordert.

HINWEIS

Trainieren Sie auf wackeligen Untergründen nicht mit einem ermüdeten Hund!

EQUIPMENT
Fitbone Giant

SCHWIERIGKEIT
SCHWER

EQUIPMENT
FitPaws Donut mit Halter

SCHWIERIGKEIT
PROFI

Basistargets

Ehe es an die eigentlichen Übungen geht, sollten Sie etwas Trainingszeit für den stabilen Aufbau einiger Targets aufwenden. Sie erweisen sich als sehr nützlich und werden deshalb im Trainingsteil immer wieder auftauchen. Target heißt übersetzt „Ziel". Diese Ziele können im Training unterschiedlich aussehen und eingesetzt werden. Man kann damit wunderbar eine Trainingseinheit beginnen. Außerdem kann man sie gut zwischen Übungen einschieben, die eher schwer zu bewältigen sind, oder man schließt damit eine Trainingseinheit ab.

Nasentarget

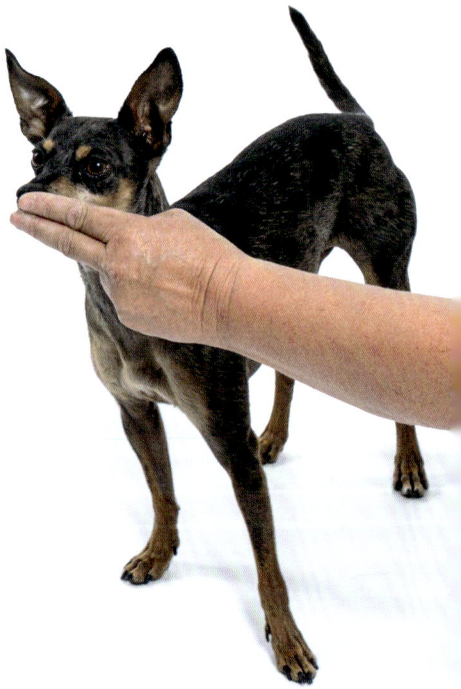

Das Nasentarget umschreibt alles, was der Hund mit der Nase anstupsen kann. Im weiteren Trainingsverlauf soll später an verschiedenen Objekten oder an der eigenen Handfläche (bzw. an zwei Fingern) die Position gehalten werden können.

1. Suchen Sie sich ein Objekt aus, das der Hund anstupsen soll. In folgendem Fall haben wir einen Targetstick gewählt.

2. Lassen Sie zunächst nur den Ball oder die Targetspitze aus der Hand vorblitzen.
3. Warten Sie, bis der Hund aufmerksam ist und machen Sie den Targetstick etwas interessant mit einem „Uii, was habe ich denn da?"
4. Die meisten Hunde sind neugierig und gehen zumindest einmal mit der Nase an den Stick. Genau diesen Zeitpunkt dürfen Sie auf keinen Fall verpassen. Geben Sie Ihr Lobwort/Click und belohnen den Hund.
5. Da der erste Stupser schon lohnend war, gehen die meisten Hunde nochmals an den Stick.
6. Erst wenn das Anstupsen zuverlässig gezeigt wird, führen Sie das Wortsignal (zum Beispiel „Stups") ein.
7. Verlängern Sie in den nächsten Trainingseinheiten den Stab und lassen Sie den Hund bewusst die Spitze oder den Ball aufsuchen.
8. Später wird die Position des Sticks verändert und in Folge die Zeit des Verweilens am Stick verlängert.

Folgetarget

Mit dem Folgetarget haben Sie später ein tolles Instrument, um den Hund in eine bestimmte Position zu führen, ohne dabei immer mit Futter locken zu müssen. Der Vorteil gegenüber dem Futterlocken ist die ruhigere Durchführung seitens des Hundes und das deutlich bessere Konzentrieren auf das eigentliche Tun.

1. Wie auch beim Nasentarget ist es wichtig, das erste Interesse und den ersten Blick einzufangen.
2. Warten Sie, bis Ihr Hund erwartungsvoll zu Ihnen schaut. Nun präsentieren Sie mit einer zügigen Bewegung den Handrücken oder zwei geschlossene Finger schräg über seinem Kopf. Der Blick kommt meist automatisch. Daher können Sie dies gut einfangen. Für schreckhafte Hunde eignet sich diese Variante nicht. Hier lassen Sie die zügige Bewegung aus und trainieren in der Komfortzone des Hundes.

BEMERKUNG

Wenn Sie zeitgleich viel Impulskontrolle mit der Futterhand üben (in dem Fall sollte der Hund den Blick von der Futterhand abwenden), kann das zu Verwirrungen führen!

TIPP

Haben Sie für das Anstupsen die Handinnenfläche gewählt, sind die zwei Handlungen (Anstupsen / Folgen) für den Hund leichter zu unterscheiden, wenn Sie für das Folgen den Handrücken oder ein anderes Sichtsignal wählen.

3. Legen Sie das Leckerchen in Ihre „Folgehand“ und belohnen Sie aus dieser Hand. Wenn Ihr Hund nach der Hand springt, warten Sie kurz, bis er wieder alle vier Pfoten auf dem Boden hat. Nehmen Sie das Futter aus der Folgehand und reichen Sie es dem Hund von oben in einer langsamen Bewegung.
4. Im nächsten Schritt stehen Sie vor Ihrem Hund. Platzieren Sie die Hand jetzt wieder über dem Kopf des Hundes, warten auf den Blick und gehen dann einen kleinen Schritt rückwärts. Das Folgen wird sofort wieder mit Futter aus der Folgehand belohnt.
5. Nun können Sie das Wortsignal (zum Beispiel „Look“) einführen – aber immer schon, kurz bevor die Hand erscheint.
6. Wenn das klappt, können Sie dazu übergehen, Ihren Hund in verschiedene Richtungen oder auf ein Trainingsgerät folgen zu lassen.
7. Nach und nach können Sie die Futterhilfe nun ausschleichen.

Kinntarget

Das Kinntarget ist definitiv mein Lieblingstarget. Ich nutze es sowohl im Fitnesstraining als auch als Stationierungshilfe im Alltag, beispielsweise wenn ich meinen Hund aus einer bestimmten Situation holen möchte.

1. Nehmen Sie einige besondere Futterstücke in die Hand und setzen Sie sich vor den sitzenden Hund.
2. Halten Sie die flache, futterlose Hand waagerecht vor die Nase des Hundes und locken Sie mit der Futterhand die Hundeschnauze in die flache, vorgehaltene Hand.
3. Jedes Mal, wenn sich das Hundekinn in Ihre Hand schiebt, bestätigen Sie dies und reichen noch in der gewünschten Position das Futter in das Maul des Hundes.
4. Um den Druck in die Hand zu erhöhen, können Sie das Futter von schräg unten reichen.
5. Wenn dies zuverlässig funktioniert, führen Sie das Wortsignal ein (zum Beispiel „Hold" oder „Kinn"). Reichen Sie dann die flache Hand vor und helfen Sie wenn nötig mit Futter etwas nach.
6. Anschließend vergrößern Sie den Abstand zur Futterhand und die Verweilzeit in der Hand immer mehr.

Stationstarget

Das Stationstarget kann gut zum Stationieren an einem bestimmten Ort eingesetzt werden oder um einen bestimmten Ort anlaufen zu lassen. So hat der Hund eine Richtungsvorgabe als Hilfe. Es ist sinnvoll, für die Vorderpfoten andere Objekte zu nehmen als für die Hinterpfoten. Zum Beispiel können Sie für die Vorderpfoten runde und für die Hinterpfoten eckige Targets nehmen. So machen Sie Ihrem Hund das Verstehen der Übung leichter. Zusätzlich kann man auch Körperteile unterschiedlich benennen. Ich verwende „Vorne“ für beide Vorderpfoten, „Hinten“ für die Hinterpfoten, „Seite“ für ein Beinpaar einer Körperseite und „Auf“ für das Erklimmen eines Objektes mit allen vier Gliedmaßen.

1. Bewaffnen Sie sich mit Leckerchen und einem größeren Stationstarget, damit Ihr Hund die ersten Male schnell zum Erfolg kommt.
2. Halten Sie das Stationstarget in der Hand und machen Sie dies interessant.
3. Legen Sie das Target zwischen sich und dem Hund auf den Boden und bestätigen Sie sofort das erste Interesse des Hundes. Lösen Sie auf, indem Sie ein weniger tolles Futterstückchen von sich wegrollen (hinter den Hund) und das Target nun wieder wegnehmen.

BEMERKUNG

Falls Sich Ihr Hund immer sofort setzt, sobald die Pfoten auf dem Target stehen, hilft es, ein etwas höheres Objekt zu wählen (zum Beispiel einen flachen Pflanzenuntersetzer)

EQUIPMENT

Bodentarget von Hannis Ballshop

4. Sobald das Interesse Ihres Hundes geweckt ist, können Sie das Target sogleich wieder zwischen sich und den Hund legen und einen kleinen Schritt rückwärts gehen, damit Ihr Hund unbewusst oder auch schon bewusst über das Target läuft. Seien Sie schnell. Diese ersten Schritte sind wichtig und helfen dem Hund, sofort auf die richtige Idee zu kommen.
5. Wenn dies zuverlässig funktioniert, können Sie das Wortsignal einführen. Anschließend können Sie das Target aus verschiedenen Richtungen anlaufen lassen und die Verweildauer auf dem Target ausdehnen.

TIPP

Wenn Ihr Hund eher zur Sorte „Phlegmatiker" gehört, können Sie ihm auch eine kleine Gasse aus zwei Stühlen bilden, durch die er zu Ihnen laufen darf. Vor Ihnen liegt das Target, das nun nicht zu verfehlen ist.

Pfotentarget mit einer Pfote

Ihr Hund kennt es nun, ein Stationstarget anzulaufen. Das hat er mit zwei oder vier Pfoten gelernt. Jetzt möchten Sie aber nur eine Pfote auf einem kleineren Target positionieren, um damit später Stationierungsübungen mit einzelnen Gliedmaßen durchzuführen. Entweder Sie wandeln dazu das Pfotegeben ab, indem Sie das Target (zum Beispiel Glasuntersetzer) in die Hand nehmen und immer weiter Richtung Boden gehen, oder Sie legen das Target direkt auf den Boden.

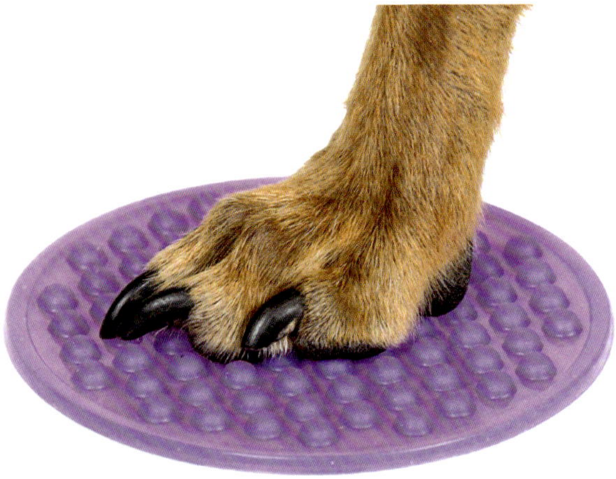

1. Gehen Sie dabei wie bei einem größeren Stationstarget vor und warten Sie, wie Ihr Hund die Aufgabe mit dem kleineren Target löst.
2. Bestätigen Sie sofort das Anheben derjenigen Pfote, die der Hund von sich aus anbietet. Auch Hunde haben eine Lieblingsseite. Diese Seite lassen Sie auch zu, wenn Sie eigentlich die andere Seite trainieren möchten.
3. Wenn Ihr Hund Mühe hat, ein kleines, flaches Target zu treffen oder hektisch wird, weil er meint, die Aufgabe nicht lösen zu können, gehen Sie kurz zur Variante „Pfote geben" über (wenn der Hund dies kennt). Das Target liegt dabei in Ihrer Hand ganz nah am Boden.
4. Etablieren Sie nun auch die andere Seite. Verwenden Sie dafür am besten eine andere Form von Target (mit Permanentstift rechts und links markieren). So können Sie auch über Kreuz arbeiten (siehe „Criss-Cross" S. 238).
5. Im Weiteren können Sie in den folgenden Trainingseinheiten die Position des Targets etwas verändern. Zum Beispiel kann dieser später auch erhöht platziert werden.

EQUIPMENT

Senso Target von Hannis Ballshop

Es gibt Hunde, die an den Pfotenballen sehr sensibel sind und genoppte Untergründe eher meiden. Für diese Hunde gibt es inzwischen auch glatte Targets oder Targets mit anderer Oberflächenstruktur (zu beziehen bei Hannis Ballshop).

Vor dem Training ...

Sie haben inzwischen Ihr Wissen über Belohnung und Trainingsprinzipien aufgefrischt sowie die einzelnen Targets solide aufgebaut? Dann kann es ja langsam losgehen. Es ist Ihnen überlassen, ob Sie mehr Körpersignale oder Wortsignale im Training einsetzen. Für den Hund muss es nur direkt klar verständlich sein. Je differenzierter Sie vorgehen, auch was die Wahl Ihrer Trainingsutensilien angeht, desto besser versteht der Hund, was Sie momentan von ihm erwarten. Sie werden teilweise Übungen finden, bei denen ich kein Wortsignal verwende und den Hund nur in Position führe. Das ist aber nur eine Variante. Sie können den Übungsaufbau natürlich ganz nach Ihren Vorlieben gestalten.

Sehr pfotensensible Hunde freuen sich über noppenfreie »Halbigelbälle«, zu beziehen bei Hannis Ballshop.

Zur Einteilung der Übungen

Um die Einteilung der Übungen übersichtlich zu gestalten, sind diese mit folgenden Hinweisen zur schnellen Orientierung versehen. So haben Sie die Übung mit allen wichtigen Informationen auf einen Blick und können die passende Übung für Ihren Hund aussuchen.

Trainingslevel:

Beschreibt die Schwierigkeitsstufe für den Hundebesitzer, dem Hund die Übung beizubringen. Es gibt eine Einteilung von 1 (leicht) bis 3 (schwierig). Das Empfinden für diese Einteilung kann je nach Vorkenntnissen des Trainierenden von den Angaben abweichen.

Schwierigkeitsgrad:

Er soll Ihnen aufzeigen, wie schwierig diese Übung für den Hund ist. Auch hier gibt es die Einteilung von leicht, mittel bis schwierig. Der Schwierigkeitsgrad variiert je nach Fitness des Hundes.

Zielort:

Informiert Sie über die Körperpartie, die mit der Übung trainiert wird.

Muskelarbeitsweise und Ausführungsform:

Konzentrisch/exzentrisch:
dynamische Arbeitsweise in einer Aufwärts- und Abwärtsbewegung

Isometrisch:
Stellung wird gehalten

Plyometrisch:
explosive und möglichst impulsive Bewegungen

Bewegungsebene:

Sie zeigt die Ebene, in der trainiert wird. Dies soll einseitigem Training vorbeugen und hilft Ihnen, bei der Zusammenstellung der Übungen.

Vorübung:

Manchmal ist eine Vorübung sinnvoll. Das erleichtert es Ihrem Hund, die Übung schneller zu verstehen.

Nützliche Begriffe in Bezug auf den Bewegungsapparat

Abduktion = Das seitliche Wegführen des Beines

Adduktion = Das Heranziehen des Beines

Agonist = Der Muskel, der die Bewegung ausführt (Spieler)

Antagonist = Der Muskel, der die Bewegung in die Gegenrichtung ausführt (Gegenspieler)

Synergist = unterstützt die Aktivität eines anderen Muskels

KOORDINATIVE ÜBUNGEN

Was ist Koordination?

Bezogen auf die Muskelarbeit bedeutet Koordination das abgestimmte harmonische Zusammenspiel zwischen den Muskeln und dem Nervensystem. Durch zahlreiche Wiederholungen optimiert das Nervensystem den Ablauf der Bewegung. Es stimmt die zeitliche Abfolge der Muskelarbeit ab, damit sich beispielsweise nicht alle Muskeln gleichzeitig anspannen und somit keine Gelenkbewegung zustande kommen kann. Wenn man nun Balanceübungen auf wackeligen Untergründen trainiert, spricht dies das propriozeptive System an. Das sind die Rezeptoren, die das Gewebe vor Überdehnung und Zerreißung schützen. Wenn wir dieses System nicht ausreichend ansprechen, fehlt uns damit ein wichtiger Bestandteil für die Körperwahrnehmung. Nach einer chirurgischen Intervention oder einem Unfall sind diese Rezeptoren regelrecht außer Gefecht gesetzt. Das betroffene Gelenk verliert an Stabilität und muss wieder aufgebaut werden. Wenn wir diese Rezeptoren ausreichend trainieren, ist das der beste Schutz vor Verletzungen. Das sensomotorische Training ist gerade bei Junghunden, Sporthunden, Senioren und in der Rehabilitation nicht wegzudenken und sollte immer einen Platz im Training finden (siehe Punkt 4 und 5 unter „Koordinative Fähigkeiten"). Die Feinabstimmung und die Reaktionsfähigkeit schalten auch andere Sinne wie den Sehsinn hinzu. Auch die Orientierungsfähigkeit und das Rhythmusgefühl dürfen nicht außer Acht gelassen werden.

Arten der koordinativen Fähigkeiten

Folgende koordinative Fähigkeiten gibt es:

1. Kinästhetische Differenzierungsfähigkeit – Feinabstimmung einzelner Bewegungsphasen

Übung: Sprungserie mit unterschiedlich hohen Stangen und Sprungweite

2. Reaktionsfähigkeit – Fähigkeit, schnell auf Reize zu reagieren

Übung 1: Leckerchen fangen

Übung 2: Positionswechsel

3. Orientierungsfähigkeit – Orientierung des Körpers im Raum

Übung 1: Plattformtraining mit Varianten „Einparken"

Übung 2: Rückwärtsgehen

4. Gleichgewichtsfähigkeit – Körperbalance

Übung 1: Balancieren auf einem Baumstamm

Übung 2: Hinterpfote bewusst anheben

5. Umstellungsfähigkeit – Fähigkeit zur schnellen Anpassung

Übung 1: Balanceakt auf verschiedenen Untergründen

Übung 2: Pivot up & down mit unterschiedlichen Geräten

6. Rhythmusfähigkeit/Rhythmusgestaltung

Übung: Cavaletti-Training

7. Kopplungsfähigkeit – Bewegungsabläufe zum Ganzen verbinden

Übung: Parcours/Verknüpfung von mehreren Geräten

Training von Koordinationsübungen

Grundsätzlich sollten in jedem Training ein oder besser mehrere koordinative Aspekte berücksichtigt werden, wobei es entscheidend ist, Koordinationsübungen an den Anfang des Trainings zu setzen. Der Hund muss für die Übungen sowohl mental als auch neuromuskulär fit sein. Bei ersten Ermüdungsanzeichen wird das Training beendet oder es wird eine Pause eingelegt. Die Trainingsdauer für ein reines Koordinationstraining sollte je nach Leistungsstand eine Dauer von 10-15 Minuten nicht übersteigen. Hierbei immer eine kleine Pause zwischen den einzelnen Übungen einplanen. Die Wiederholungen variieren nach Fitness und Schweregrad der Übungen. Es ist ein gutes Trainerauge gefragt, um den Hund keinesfalls zu überfordern.

Eine Leistungsverbesserung lässt sich nicht einfach über einen Anstieg der Wiederholungszahl, sondern eher über Veränderung der jeweiligen Übung erreichen. Wenn alle sieben Aspekte der Koordination betrachtet werden, lassen sich hieraus viele Kombinationsmöglichkeiten und Varianten basteln. Zum Beispiel können Sie aus einer statischen Übung zu einer dynamischen Übung wechseln, von hartem Untergrund zu weichem, von langsam zu schneller oder einfach zügige Bewegungsübergänge und verschiedene Kombinationen anbieten.

MERKE

Neuromuskuläres Training lebt von Veränderung!

MERKE

Wenn das koordinative (neuronale) System überfordert und überreizt ist (zu erkennen z. B. an starkem Muskelzittern), braucht der Hund drei bis vier Tage Pause!

Aufbau von koordinativen Übungen

Mit Hilfe des Drei-Phasen Modells nach Meinel/Schnabel gelingt es besser, den Aufbau von koordinativen Übungen nachvollziehen zu können.

Drei-Phasen Modell nach Meinel/Schnabel

Grobkoordination = Erlernen

Feinkoordination = Vervollkommnen

Stabilisierung/variable Verfügbarkeit

Phase 1: Erwerb der Bewegung in Grobform

Zunächst formen Sie die Übung grob (Grobkoordination). Das heißt, Sie geben nicht zu viele Reize von außen. Das Gehirn versucht einen Automatismus herzustellen, bei dem es möglichst wenig gestört werden soll. Nehmen Sie dabei Fehlversuche in Kauf, denn dabei entsteht eine erste Bewegungsvorstellung.

Phase 2: Korrektur, Verfeinerung und Differenzierung

Nach einer Pause oder im nächsten Training korrigieren bzw. verfeinern Sie die Übung (Feinkoordination). Legen Sie nun mehr Wert auf korrekte und fehlerfreie Ausführungen. Der Lernschritt ist nicht kontinuierlich, aber die Bewegungen werden harmonischer und der Hund wird sicherer.

Phase 3: Festigung und Anpassung

Nun kommt es zur Feinabstimmung, Stabilisierung der Übung und zur konditionellen Ausschöpfung. Der Hund muss nicht mehr so sehr auf seine Bewegung achten. Es kommt ein Automatismus zustande.

MERKE

Zum Abspeichern von komplexen Übungen brauchen wir circa 800 perfekte Wiederholungen.

KOORDINATIVE ÜBUNGEN - PRAXISTEIL

Trainingslevel 1

»EINPARKEN«

Zielort: ganzer Körper

Bewegungsebene: Sagittalebene

Vorübung: Folgetarget

Benötigte Utensilien: Plattform (zum Beispiel Dogstepper)

Grundübungen

Basisübung „Einparken“

(Aufbau nach Denise Nardelli)

Sie werden diese Übung sicher genauso schätzen lernen wie ich, denn sie ist als Basisübung für jedes Alter und jeden Leistungsstand geeignet. Bei dieser Übung soll der Hund lernen, sich selbstständig auf einer Plattform mit allen vier Gliedmaßen aus allen Richtungen einzuparken.

Schwerpunkt:
Verbesserung der Orientierungsfähigkeit

Trainierte Struktur:
Ganzkörpertraining

Einsatzbeispiele:
Koordinationsschwierigkeiten, wenig Körperbewusstsein, Junghundetraining, Seniorentraining, Konzentrationstraining

Einschränkung: keine

Ausführung:

1. Wählen Sie eine Plattform (zum Beispiel Dogstepper), auf der der Hund bequem stehen kann. Die Länge der Plattform sollte dabei entsprechend der Hundelänge sein.
2. Nun führen Sie den Hund mit der Folgehand (Im Idealfall) von hinten gerade auf die Plattform und zeigen ihm somit, wie es am einfachsten geht. Wiederholen und bestätigen Sie dies einige Male.
3. Nun können Sie auch schon das Wortsignal für alle vier Pfoten auf einem Objekt (zum Beispiel „Auf") einführen.
4. Als nächsten Schritt werfen Sie ein Leckerchen ein Stück weit hinter die Plattform. Nun soll sich der Hund von dort aus selbstständig und gerade auf die Plattform einsortieren.
5. Wenn dies gut funktioniert, beginnen Sie Winkel aus verschiedenen Richtungen einzubauen. Verlassen Sie die Position am Kopf der Plattform nicht mehr. Der Hund sollte die Position nun selbstständig ohne körperliche Hilfe finden. Fangen Sie zunächst im von Ihnen aus gesehen hinteren Plattformbereich an. Fächern Sie die Winkel mit Hilfe des Leckerchenwerfens immer mehr aus, sodass es für den Hund immer kniffliger wird, die „Einfahrt" zu finden.
6. Sie können nun auch die Komponente Differenzierungsfähigkeit mit einbauen, indem Sie die Startpunkte unterschiedlich weit von der Plattform setzen. Dabei muss Ihr Hund die richtige Geschwindigkeit finden und seinen Bremspunkt so wählen, dass er nicht über die Plattform schlittert. Das erfordert sowohl ein gutes Timing als auch ein gutes Körpergefühl seitens des Hundes.

TRAININGSTIPPS

Falls sich der Hund auf der Plattform immer gleich hinsetzen möchte, können Sie für die Vorderpfoten eine kleine Erhöhung aufbauen (zum Beispiel ein Dogstepperteil). Das verhindert ein Hinsetzen in den meisten Fällen.

Setzt sich der Hund dennoch, überprüfen Sie Ihren Futterpunkt! Bei stehenden Übungen sollten Sie auf Brusthöhe füttern. Bei sitzenden Positionen von oben und bei liegenden Positionen von unten.

Wenn eine Laufrichtung schlechter angelaufen wird (koordinativ), sollten Sie diese häufiger trainieren.

Übung Einparken mit Igel

Bei dieser Übung sollte der Hund bereits selbstständig auf Signal (zum Beispiel „Auf“) einparken können.

Schwerpunkt:

Orientierungsfähigkeit und Gleichgewichtsfähigkeit

Trainierte Struktur:

Ganzkörpertraining

Stabilisiert:

Rückenmuskulatur und Hintergliedmaßen

Aktiviert:

den ganzen Körper

Einsatzbeispiele:

Koordinationsschwierigkeiten, wenig Stabilität in der Vorhand, sensomotorisches Training der Vordergliedmaßen, Kräftigung der Zehenbeuger

Einschränkung:

Schmerzhafte orthopädische Erkrankungen der Vordergliedmaßen (zum Beispiel Zehenarthrose), Durchtrittigkeit

Ausführung:

Variante 1:

Platzieren Sie erst einen, dann beide Igel auf der Plattform und locken Sie den Hund mit einem Futterstück darauf.

Variante 2:

Fragen Sie das Pfötchengeben ab und bauen dann den Igel ein, indem Sie diesen in der Hand liegen lassen und weiterhin das Pfötchengeben abfragen und bestätigen.

Variante 3:

Der Hund kennt schon verschiedene Stationstargets. Dann fragen Sie den Igel als Target ab und legen ihn anschließend auf die Plattform.

BEMERKUNG

Sie können natürlich statt den Igeln zunächst auch ein flaches Target nehmen. Damit bekommt der Hund eine grobe Idee von dieser Übung. Das ist vor allem dann sinnvoll, wenn der Hund nicht so ohne weiteres auf unbekannte Objekte tritt.

»EINPARKEN MIT IGEL«

Trainingslevel 2

Zielort: ganzer Körper

Bewegungsebene: Sagittalebene

Vorübung: Folgetarget/Pfotentarget

Benötigte Utensilien: Plattform und 2 Halbigelbälle

EQUIPMENT: Dogstepper und FitPaws Paw Pods

SCHWIERIGKEIT: LEICHT

Plattformtraining für Fortgeschrittene

Hier können Sie wunderbar variieren und den Schwierigkeitsgrad nach und nach erhöhen. Sie können einerseits die Unterstützungsfläche/Plattform in unterschiedlichen Größen anbieten und andererseits die Orientierungsfähigkeit mit der Balance und Anpassungsfähigkeit (wackelige Untergründe) kombinieren.

Rückwärtsgehen

Das Rückwärtsgehen können Sie auf zwei verschiedene Arten nahebringen. Beide Varianten werden sehr schnell verstanden und bringen dem Hund viel Spaß.

»RÜCKWÄRTSGEHEN«

Trainingslevel 1

Zielort: Hinterhand

Bewegungsebene: Sagittalebene

Vorübung: Folgetarget

Benötigte Utensilien: Plattform

SCHWIERIGKEIT MITTEL

Schwerpunkt:
Bessere Orientierungsfähigkeit, Körperwahrnehmung, Muskelaufbau der Hinterhand

BEMERKUNG

Diese Variante erfordert nicht so viel Vorbereitung. Sie hat aber den Nachteil, dass der Hund schnell schief läuft. Daher favorisiere ich Variante zwei.

Trainierte Struktur:
Hauptsächlich werden die Kruppenmuskeln (Glutealmuskulatur), die hintere Oberschenkelmuskulatur (Ischiocruralmuskulatur), die Wadenmuskulatur (M. gastrocnemius) und die Rumpfmuskulatur trainiert.

Einsatzbeispiele:
Koordinationsschwierigkeiten, geschwächte Muskulatur der Hintergliedmaßen, wenig Hinterhandbewusstsein, orthopädische Erkrankungen sowie geringgradige neurologische Defizite

Einschränkung:
Schmerzzustände, schwere neurologische Ausfälle

Ausführung 1:
1. In dieser Übung können Sie mit einer Plattform arbeiten, um dem Hund eine Führungshilfe zu bieten.
2. Locken Sie den Hund über die Plattform und legen Sie das Leckerchen hinter sich auf Höhe Ihrer Ferse oder füttern Sie direkt aus der Hand. Der Hund muss somit durch Ihre Beine, um an das Leckerchen zu kommen. Nachdem das Leckerchen verspeist ist, ist die normale Reaktion des Hundes, Sie wieder anzuschauen und zwischen Ihren Beinen vorzukommen. Dieses Rückwärtstreten bestätigen Sie sofort.
3. Wenn dies vom Hund mehrmals zuverlässig und sicher gezeigt wird und der Hund dazwischen auch nicht lange überlegen muss, können Sie das Wortsignal (zum Beispiel „Back“) einbauen.

Ausführung 2:

1. Bauen Sie sich aus zwei Cavaletti-Sets eine seitliche Begrenzung. Dahinter legen Sie ein Target und stellen sich selbst an das andere Ende.
2. Die Wegstrecke von Ihnen zum Target soll nur so weit sein, dass der Hund bei einem Rückwärtsschritt mit der Hinterpfote direkt auf dem Target landet.
3. Nun führen Sie den Hund vorwärts in die Gasse und kommen vor den Pylonen breitbeinig zum Stehen. Bei größeren Hunden eignet sich zusätzlich ein Hocker als Erhöhung.

Trainingslevel 1

»RÜCKWÄRTSGEHEN«

Zielort: Hinterhand

Bewegungsebene: Sagittalebene

Vorübung: Folgetarget

Benötigte Utensilien:
2 Cavaletti-Sets, 1 Hocker (Ikea) oder Stuhl, 1 Hinterhandtarget (zum Beispiel ein Handtuch oder eine Gummimatte)

EQUIPMENT

Cavaletti-Sets, Flexiness SensiMat

4. Platzieren Sie das minderwertige Leckerchen zwischen Ihren Beinen auf dem Boden beziehungsweise dem Hocker und bestätigen Sie sofort, wenn der Hund zwischen den Beinen hervorkommt und somit einen Rückwärtsschritt auf das Target macht.
5. Wenn dieser Ablauf zuverlässig funktioniert, können Sie ein Wortsignal (zum Beispiel „Back“) einführen.
6. Nach und nach können Sie sich selbst (mit oder ohne Hocker) weiter nach hinten stellen, um die Wegstrecke zu vergrößern. Das Target (im Bild Fitbone) bleibt an seinem Platz.

EQUIPMENT

Cavaletti-Sets und FitPaws Fitbone Giant

TRAININGSTIPPS

Es ist besser, zwei Wertigkeiten von Futter zu benutzen. Das schnöde Trockenfutter zum Locken und das supertolle Leckerchen zum Bestätigen.

Seitenwechsel

Der Seitenwechsel beübt gleichermaßen die Vorder- als auch die Hinterhand. Dabei ist es eine tolle Übung, die erneut das Hinterhandbewusstsein anspricht.

»SEITENWECHSEL«

Trainingslevel 2

Zielort: ganzer Körper/ Hinterhandbewusstsein

Bewegungsebene: Transversalebene

Vorübung: Sidewalk/Nasentarget

Benötigte Utensilien:
2 Matten der Hundelänge entsprechend (zum Beispiel Equipment: Ikea Plufsig Gymnastikmatte)

Schwerpunkt:

Orientierungsfähigkeit und Hinterhandbewusstsein, Verbesserung des Bewegungsausmaßes

Trainierte Struktur:

Stabilisiert:

Rückenmuskulatur

Aktiviert:

Hauptsächlich die Kruppenmuskeln (M. gluteus profundus, M. gluteus medius), den zweiköpfigen Oberschenkelmuskel (M. biceps femoris, Deltamuskel (M. deltoideus); der Trapezmuskel unterstützt das Seitwärtsgehen

Mobilisiert/dehnt:

Die Adduktoren der Hüfte, die Brustmuskeln (Mm. pectorales), Sägemuskel (M. serratus), großer runder Muskel (M. teres major)

Einsatzbeispiele:

Hunde, die generell hinten eng laufen, Koordinationstraining, Ansprache der äußeren Oberschenkelmuskulatur und der Schultermuskulatur.

Einschränkung:

Hochgradige neurologische Erkrankungen und akute Schmerzzustände

Aufbau

Ausführung:

1. Sie legen zwei gleich hohe Plattformen nebeneinander auf.
2. Wenn Ihr Hund das Plattformtraining aus dem Koordinationsteil schon kennt, können Sie ihn mit entsprechendem Wortsignal auf eine der Plattformen steigen lassen. Sie stehen frontal zu Ihrem Hund.
3. Bestätigen Sie das Aufsteigen ein paar Mal und gehen Sie genauso auf der anderen Plattform vor. Die Blickrichtung des Hundes sollte immer die Gleiche sein - frontal zu Ihnen.
4. Nun gehen Sie wie beim Side-Walk oder beim Pivot up & down vor. Sie nehmen den Hund mit Ihrem Nasentarget alternativ mit der Futterhand seitlich mit einem langsamen Schritt mit. Achten Sie auf eine ruhige frontale Ausrichtung Ihres Körpers und einen ebenso ruhigen Nasentarget mittig vor Ihrem Körper.
5. Bestätigen Sie anfangs jede noch so kleine Bewegung der Hinterhand oder sogar erst nur die Gewichtsverlagerung der Hinterhand, um eine Idee zu wecken.
6. Die Bestätigung kommt, sobald Ihr Hund mit dem ersten Hinterbein die Seite wechselt.

EQUIPMENT

Ikea Plufsig Gymnastikmatte

SCHWIERIGKEIT

MITTEL

7. Anfangs kann es sein, dass der Hund erst mit der Vorderhand und etwas zeitverzögert mit der Hinterhand die Seite wechselt. Das ist nicht schlimm.
8. Bestätigen Sie die Male, in denen Ihr Hund (fast) zeitgleich die Seite wechselt, ganz besonders. Dann wird er den Dreh bald heraushaben.
9. Trainieren Sie bei der ersten Einheit den Wechsel zunächst nur in eine Richtung. Zum Generalisieren sollten Sie beim nächsten Training auch die andere Richtung aufbauen.
10. Wenn die Wechsel wirklich zuverlässig und flüssig absolviert werden, können Sie auch ein Wortsignal (zum Beispiel „Side") einführen. Ich bevorzuge bei dieser Übung allerdings meine Körperhilfe, also die Seitwärtsbewegung, als Hilfe für den Hund.

Bemerkung:
Vermutlich hat Ihr Hund in der Seitwärtsbewegung auch eine Seite, zu der er sich besser bewegt. Gerade dann sollten Sie die andere Seite mehr im Fokus haben.

Trainingslevel 2

»EINE HINTERPFOTE BEWUSST ANHEBEN«

Zielort: Hinterhand

Bewegungsebene: je nach Ausführung Sagittalebene oder Transversalebene

Vorübung: Folgetarget/Futterlocken

Benötigte Utensilien:
Ein Cavaletti-Element, ein dickes Buch oder eine Plattform

Eine Hinterpfote bewusst anheben

Ziel ist es, den Hund aufzufordern, eine Hinterpfote anzuheben und zu halten. Das angehobene Bein arbeitet dynamisch-konzentrisch, das stehende Bein statisch-isometrisch. Für diese Übung haben sich zwei Aufbauvarianten bewährt.

Schwerpunkt:
Verbesserung der Gleichgewichtsfähigkeit, Körperwahrnehmung und Balance

Trainierte Struktur:
Je nach Stil des Beinanhebens werden unterschiedliche Muskelgruppen trainiert.

Stabilisiert:
Viereckigen Lendenmuskel (M. quadratus lumborum) sowie Rumpf und stützende Hintergliedmaßen

Aktiviert:
Bein wird nach außen geführt (abduziert): Kruppenmuskeln (Glutealmuskulatur), zweiköpfiger Oberschenkelmuskel (M. biceps femoris)

Bein wird nach vorne angehoben (leicht flektiert): Darmbein-Lendenmuskel (M. iliopsoas), vierköpfiger Kniegelenkstrecker (M. quadriceps femoris), Spanner Oberschenkelfaszie (M. tensor fasciae latae)

Bein wird nach hinten angehoben (extendiert): Ischiocruralmuskulatur und die Kruppenmuskeln (Glutealmuskulatur)

Mobilisiert/dehnt bei Hüftstreckung:

Lenden-Darmbeinmuskel (M. iliopsoas), vierköpfiger Kniegelenkstrecker (M. quadriceps femoris)

Einsatzbeispiele:

Koordinationsschwierigkeiten, wenig Hinterhandbewusstsein, *Muskelatrophie*

Einschränkung:

Akute Schmerzzustände, schwere neurologische Ausfälle

Ausführung 1:

1. Gehen Sie wie bei der Übung „Hinterhandtarget aufsuchen und stationieren" (s. S. 104) vor. Erhöhen Sie allerdings die Plattform und versetzen diese etwas seit-

Bemerkung:
Das Anheben kann später vielfältig eingesetzt werden. Zum Beispiel können Sie dies auf wackeligen Untergründen als zusätzliche Schwierigkeit abfragen.

lich, sodass der Hund nur noch mit einer Hinterpfote arbeitet.

2. Wir bestätigen, solange die Pfote in der Luft ist, also kurz bevor sie die Plattform erreicht. Hier gilt es, schnell zu sein.
3. Nach etwa 10 Wiederholungen führen wir unser Wortsignal ein und schon haben wir das bewusste Anheben der Hinterpfote etabliert.

Ausführung 2:

1. Nehmen Sie ein Cavaletti-Element und setzen sich vor die Cavaletti-Stange.
2. Nun führen Sie den Hund von hinten über die Stange – aber nur mit den vorderen Pfoten. Nun führen Sie den Hund ganz langsam weiter nach vorne in Ihre Richtung und warten den Moment ab, in dem er ein Hinterbein anhebt.
3. Das Lobwort oder der Clicker ertönt, solange die Hinterpfote noch in der Luft ist.
4. Die Stange kann abgebaut werden oder man legt diese zunächst auf der beinhebenden Seite auf den Boden. Wenn das sicher sitzt, können Sie ein Wortsignal hinzufügen. Ich verwende für jedes Bein ein anderes Wort (zum Beispiel „Gib" und „Pfote").
5. Wenn Sie ein klares Ziel haben, was die Beinhaltung angeht, können Sie nun die Feinheiten herausarbeiten und entweder mehr in Richtung Hüftbeugung oder in Hüftstreckung „formen". Einige Hunde finden es hilfreich, dabei ein Target zu berühren (Fliegenklatsche oder Hand). Es gibt aber auch Hunde, die dies als störend empfinden und lieber „frei" arbeiten.

Tour de Balance

Diese tolle Übung ist sehr gut für jeden Hund geeignet und auch recht einfach durchzuführen. Ihr Hund soll auf verschiedenen Objekten jeweils mit den Vorderbeinen und den Hinterbeinen zum Stehen kommen und selbstständig seine Balance finden.

Trainingslevel 1

»TOUR DE BALANCE«

Zielort: ganzer Körper

Bewegungsebene: Sagittalebene

Vorübung: keine

Benötigte Utensilien:
Diverse Gegenstände wie Matten, Matratzen, Balance-Pads o.ä.

Schwerpunkt:

Umstellungsfähigkeit/Gleichgewichtsfähigkeit, Körperwahrnehmung sowie die Fähigkeit, sich auf neuen Untergründen schnell anzupassen.

Einsatzbeispiele:

Koordinationsdefizite, wenig Stabilität und Kraft, Sporthunde, angepasst auch für Junghunde und Senioren, um die propriozeptive Wahrnehmung zu fördern.

Trainierte Struktur:

Trainiert den ganzen Körper, Tiefenmuskulatur, *Propriozeption*

Einschränkung:

Akute Schmerzzustände, schwere neurologische Ausfälle

EQUIPMENT

TOGU Jumper Pro. FitPaws Fitbone und Fitbone Giant. Schaumstoffmatte und TOGU Geo Balance Igel

SCHWIERIGKEIT

LEICHT MITTEL

Ausführung:

Je nachdem, wie gut Ihr Hund sich selbst ausbalancieren kann, wählen Sie die Untergründe aus. Welpen, Junghunde, Senioren und sehr hibbelige Hunde fangen auf wenig wackeligen Untergründen (zum Beispiel festeren Matten) an. Hunde, die sich in der Rehaphase befinden, werden sehr individuell eingestellt. Das richtet sich nach der aktuellen Belastung der Gliedmaßen.

1. Für das erste Training genügt eine Bahn aus drei bis vier geringgradig wackeligen größeren Gegenständen. Der Abstand soll so gewählt werden, dass der Hund jeweils vorne und hinten auf einem Objekt ganz normal zum Stehen kommen kann.
2. Gehen Sie dabei entweder seitlich oder direkt frontal mit dem Hund mit.
3. Führen Sie den Hund am besten mit der Folgehand langsam auf das erste Objekt. Geben Sie ihm ausreichend Zeit, sein eigenes Gleichgewicht zu finden. Es geht hier nicht um Geschwindigkeit – das kann nicht oft genug erwähnt werden.
4. Ihr Hund soll einen Gegenstand nach dem anderen erklimmen. Dort soll er jeweils etwa fünf Sekunden selbstständig und ruhig zum Stehen kommen. Fahren Sie so auch beim nächsten Gegenstand fort.

Bemerkung:

Für Hunde, die am ersten Hindernis schon hektisch werden und sich wenig zutrauen, sollten Sie viel Zeit in den Aufbau investieren. Viele Trainer fangen an diesem Punkt an, mit Futter zu locken. Allerdings geht der Hund hierbei häufig über seine natürliche Grenze. Dabei werden die Hunde zunächst über das Futter abgelenkt, nehmen die Situation sozusagen nur als Untertitel war, erschrecken unter Umständen über ihre „mutige Tat" und verlassen umso plötzlicher dieses unheimliche Objekt. Dies ist eine Situation, die man leider oft auch in Welpengruppen sehen kann. Häufig sieht man auch Hundebesitzer, die schnell ungeduldig werden und ihren Hund kurzerhand auf die Erhöhung setzen. Auch das halte ich langfristig für die meisten Hunde als nicht optimal.

TRAININGSTIPPS

Sie können natürlich Wortsignale verwenden. Ich finde aber, dass sich diese Übung hervorragend für nonverbales Training anbietet. So wird der Hund auch nicht unnötig abgelenkt. Verzichten Sie bitte auch auf große Jubelausbrüche, damit Ihr Hund nicht aus der Konzentration gerissen wird. Wie beim Cavaletti-Training ist auch hier viel Fokus auf die Geräte gefragt.

Drei-Bein Balance

Bei dieser Übung soll sich der Hund auf einem unebenen Untergrund oder einem großen Balance-Pad auf drei Beinen ausbalancieren und dabei ruhig zum Stehen kommen.

Schwerpunkt:

Training Gleichgewichtsfähigkeit, Körperwahrnehmung sowie die Fähigkeit, sich auf neuen Untergründen schnell anzupassen

Trainierte Struktur:

Stabilisiert:

Rückenmuskulatur, Rumpf sowie die restlichen Gliedmaßen

Aktiviert:

Hauptsächlich den vierköpfigen Kniegelenkstrecker (M. quadriceps femoris), zweiköpfigen Oberschenkelmuskel (M. biceps femoris), Wadenmuskulatur (M. gastrocnemius)

Einsatzbeispiele:

Koordinationsschwierigkeiten, wenig Stabilität und Kraft

Einschränkung:

Akute Schmerzzustände, schwere neurologische Ausfälle

Ausführung:

Ich empfehle, bei dieser Übung wenig bis gar keine Signale zu geben, damit sich der Hund wirklich auf seinen Körper konzentriert und nicht so sehr auf Sie. Führen Sie den Hund am besten mit der Folgehand langsam auf das Objekt und geben ihm ausreichend Zeit, sein eigenes Gleichgewicht zu finden.

Trainingslevel 1

»DREI-BEIN BALANCE«

Zielort: ganzer Körper

Bewegungsebene: Sagittalebene

Vorübung: Folgetarget

Benötigte Utensilien:
Sensorikstation, Matratze o.ä.

1. Der Hund soll auf dem Gerät ruhig zu stehen kommen.
2. Da von Anfang an keine Bewegungsaktivität des Hundes gewünscht ist, verlangen Sie kein „Pfote geben“ auf Signal. Stattdessen heben Sie mit vorheriger Ankündigung ganz langsam jeweils ein Bein etwas an. Warten Sie, bis sich der Hund ausbalanciert hat.
3. Sie können sich dabei auf eine bestimmte Körperregion, ein bestimmtes Bein oder den ganzen Körper fokussieren.
4. Um zusätzlich die Anpassungsfähigkeit anzusprechen, können Sie als Steigerung eine Bahn mit verschiedenen Untergründen verwenden.

BEMERKUNG

Das Bein darf nicht soweit angehoben werden, dass der Hund aus der Balance kommt und über den Rücken ausweicht. Zudem soll sich der Hund nicht am Trainer abstützen müssen.

SCHWIERIGKEIT: MITTEL

EQUIPMENT: Liegestuhlkissen

Gehsteig

Der Gehsteig ist eine wirklich schöne Übung, um den ganzen Körper zu beanspruchen und zu fördern. Der Hund soll hier Schlangenlinien gehen – und zwar nicht nur auf der Ebene, sondern gleichzeitig auch hoch und runter. Der Körper muss sich innerhalb kürzester Zeit neu anpassen. Daher ist diese Übung auch für Sporthunde interessant.

Trainingslevel 1

»GEHSTEIG«

Zielort: ganzer Körper

Bewegungsebene: Dorsalebene

Vorübung: Folgetarget

Benötigte Utensilien: verschiedene Untergründe und Höhen möglich

Schwerpunkt:

Koordination (Umstellungsfähigkeit, Anpassungsfähigkeit), mehr Beweglichkeit

Trainierte Struktur:

Bei höheren Hindernissen auch die Abduktoren wie die Kruppenmuskeln (M. gluteus profundus, M. gluteus medius), der zweiköpfige Oberschenkelmuskel (M. biceps femoris), Deltamuskel (M. deltoideus), unterstützend auch der Trapezmuskel (M. trapezius). Außerdem die Rückenmuskulatur, Bauchmuskulatur, umgebende Strukturen wie Faszien, Bandscheiben, Bänder und Sehnen – kurz alle bindegewebigen Strukturen.

Einsatzbeispiele:

Muskelaufbau, Koordinationstraining, Bewegungseinschränkung Wirbelsäule, Bewegungseinschränkung Schulterblattbereich, Vorbereitung Sport, Seniorentraining (angepasst). Förderung Gliedmaßenbelastung und Gangschulung (zum Beispiel bei Passgängern)

Einschränkung:

Schmerzzustände, Instabilität der Wirbelsäule, Stenosen im lumbosakralen Übergang, Spondylarthrosen, Lahmheiten, neurologische Defizite

Ausführung:

1. Fangen Sie zunächst mit einer festen und breiten sowie nicht zu hohen Bahn an, damit sich Ihr Hund an diesen Bewegungsablauf gewohnen kann.
2. Lassen Sie das Futter besser beiseite und nutzen Sie hierzu Ihr gut aufgebautes Folgetarget/Führhand.
3. Gehen Sie schräg vor Ihrem Hund her oder seitlich neben ihm (jeweils mit Blickrichtung nach vorne) und umschreiben Sie mit genug Abstand zu Ihrem Hund langsam einen Bogen. Hierbei steigt Ihr Hund vorwärts auf das Objekt. Sobald die Vorderpfoten hinuntergehen, sollen die Hinterbeine schon wieder darauf steigen. Sie bestätigen das Aufsteigen der Hinterpfoten, halten kurz inne, um in Position zu füttern und lösen die Übung auf.
4. Dies wiederholen Sie drei bis vier Mal, damit Ihr Hund zum einen eine Idee bekommt und sich zum anderen langsam körperlich anpassen kann.
5. Im nächsten Übungsschritt können Sie nun den Bogen weiter zu einem „S" beschreiben, also der Schlangenlinie, ausbauen.
6. Wenn das „S" problemlos und vor allem

ohne Stolpern funktioniert, ist Ihr Hund bereit für das „Doppel-S".

7. Variieren Sie nun mit verschiedenen Untergründen (breit, schmal, fest, wackelig, hoch, tief).
8. Ein Wortsignal brauchen Sie nur zu Beginn für Ihr Folgetarget, ansonsten benötigen Sie Ihre Stimme nur zum Bestätigen.

BEMERKUNG

Filmen Sie diesen Ablauf unbedingt, denn meist sieht man erst auf dem Video, welche Seite sich besser biegt und ob der Hund beim Fußen eine Schokoladenseite hat. Stolpert Ihr Hund mehrfach oder hat Mühe, sein Gleichgewicht zu halten, lassen Sie dies bitte tierärztlich abklären.

Übungen mit Halbigelbällen

Die Übungen mit den Igelbällen erfordern sehr viel Ruhe und Geschick. Daher sind sie sicher keine Übungen für Anfänger. Dafür profitieren gerade Hunde mit wenig Körperbewusstsein sehr davon. Je nach Trainingsschwerpunkt steht der Hund komplett im normalen Stand, versammelt oder versetzt auf den Halbigelbällen.

Schwerpunkt:
Koordination, Kräftigung, mehr Beweglichkeit und Stabilität

Einsatzbeispiele:
Training von Körperbewusstsein, Ganzkörpertraining, bei wenig Stabilität in den distalen Gelenken, taktile Reize setzen, Konzentrationstraining

Einschränkung:
Orthopädische und neurologische Probleme im Allgemeinen sowie verspannte Rückenmuskulatur

Trainingslevel 3

»ÜBUNGEN MIT HALBIGELBÄLLEN«

Zielort: ganzer Körper

Bewegungsebene: variabel

Vorübung: Stationstarget/Pfotentarget

Benötigte Utensilien:
4 Halbigelbälle, rutschfester Untergrund (Plattform)

Ausführung 1:

1. Siehe Einparken mit Igel (siehe Übungsteil Koordination Seite 120)
2. Sobald das klappt, werden die Igel für die Hintergliedmaßen auf die gleiche Weise eingeführt.

Ausführung 2:

1. Siehe Stationstarget (Basistargets, siehe Seite 104)
2. Für diese Übung nehmen Sie statt dem üblichen Target zwei Halbigelbälle.

Bemerkung:

Es hat sich bewährt, die Übung zunächst entweder nur hinten oder nur vorne zu festigen. Der Hund darf nicht in Hektik verfallen. Das kann durchaus auch ein Zeichen von Überforderung sein. Fitnessgrad (Balancelevel Seite 78) vorher ermitteln.

Variante 1:

Der Hund steht mit allen vier Gliedmaßen auf den Halbigelbällen und schult somit seine Balance. Alle Muskeln des Körpers sind aktiv.

Variante 2:

Der Hund steht versammelt auf den Halbigelbällen. Dadurch kräftigen sich die Rückenmuskulatur, die Bauchmuskulatur und die Darmbein-Lendenmuskulatur. Die Hinterbeinmuskulatur wird speziell im hinteren Bereich gestretcht, die restlichen Partien werden stabilisiert und gekräftigt. An den Vordergliedmaßen wird der Kopf-Armmuskel gestretcht, während die restlichen Bereiche stabilisiert und gekräftigt werden.

SCHWIERIGKEIT: SCHWIERIG

EQUIPMENT: FitPaws Paw Pod, selbstgebastelte Plattform

Variante 3:

Einzelne Beine werden entweder nach vorne, nach hinten, zur Seite oder zur Mitte versetzt, je nachdem, welches Trainingsziel man verfolgt.

Variante 4:

Der Hund steht zunächst auf allen vier Halbigelbällen, die sich in einem normalen Abstand zueinander befinden. Wir leiten mittels Futter oder Nasentarget eine zügige Auf- und Abbewegung des Kopfes ein, sodass durch eine leichte Beugung des Ellbogens ein Liegestütz zustande kommt. Das ist eine gute Stabilisierungsübung für die gesamten Vorderhand sowie den Brustbereich.

Cavaletti-Training

Das Cavaletti-Training kommt ursprünglich aus dem Pferdesport und wird dort hauptsächlich zur Vorbereitung für das Sprungtraining, Förderung der Trittsicherheit, Lockerung und Kräftigung eingesetzt. Das Pferd lernt außerdem das Einschätzen von Abständen und natürlich wird auch die Konzentration trainiert. Das Cavaletti-Training kann so vielfältig eingesetzt werden, dass mittlerweile auch viele Hundehalter die Vorteile dieser abwechslungsreichen Stangenarbeit für sich entdeckt haben.

Das Cavaletti-Training hat hier im Buch seinen Platz im Kapitel Koordination, da diese Arbeit in erster Linie der Rhythmusfähigkeit und Rhythmusgestaltung dienen soll. Wobei damit natürlich auch viele andere Bereiche angesprochen werden können.

Grundsätzlich kann man sagen, dass sich Cavaletti-Training positiv auf die Beugung und Streckung der Gelenke sowohl gesunder Hunde als auch auf Hunde mit Bewegungseinschränkungen (Muskelverspannungen, Arthrose) auswirken kann. Des Weiteren können physiologische Bewegungsabläufe gefördert und sehr viele Bereiche aus dem Koordinationspaket angesprochen werden (Körperbalance, Sensomotorik).

Die Zielsetzung sollte auch bei diesem Training klar sein. Dennoch kann diese Arbeit auch gut für ein abwechslungsreiches Beschäftigungstraining im Sinne von Bindungsarbeit, Konzentrationsförderung, Aufmerksamkeitstraining oder einfach nur zum Spaß eingebaut werden.

WICHTIG

Es sollte auf griffigen Boden geachtet werden. Dazu eignet sich sehr gut eine ebene, gemähte Wiese. Bitte nicht auf Laminat oder Fliesen trainieren, das birgt Verletzungsrisiken. Wenn nur im Schritt trainiert wird, kann auch ein asphaltierter Weg genutzt werden. Aus Sicherheitsgründen würde ich die Stangen immer sichern und nicht einfach so auf die Erde legen. Die Gefahr, dass der Hund darauf tritt und wegrutscht, wäre mir einfach zu groß. Damit der Hund frei und unbehindert arbeiten kann, würde ich auf ein Brustgeschirr verzichten. Falls dies aus Sicherheitsgründen dennoch nötig sein sollte, muss dieses gut sitzen und darf den Hund in der Bewegung nicht einschränken.

Man kann (soll) Cavaletti-Training auch mit jungen Hunden und Senioren betreiben. Es sollte aber bedacht werden, dass es sehr schnell müde macht.

Trainingsempfehlung Cavaletti:
2-4 Trainingseinheiten pro Woche in verschiedenen Varianten, wobei anfangs nur im Schritt über eine kleine Gerade (4-6 Stangen) gegangen wird.

1.-2. Woche: Aufbau mit Target oder Pylonen mit bis zu 2-4 Stangen in einer Geraden.

3.-6. Woche: 5-7 Wiederholungen je Einheit mit einheitlicher Stangenhöhe (Festigung).

7.-10. Woche: unterschiedliche Tempi und Abstände einbauen (Schritt und Trab).

ab 10. Woche: Varianten einbauen.

TRAININGSTIPPS

Klassisches Cavaletti-Training

Schwerpunkt:
Rhythmusfähigkeit, Gangschulung, Verbesserung Körperwahrnehmung, Gelenkbeweglichkeit, *Gymnastizierung*, Kräftigung, Verbesserung Sprungtraining

Einsatzbeispiele:
Koordinationsschwierigkeiten, Gangschulung (Passgänger), Verbesserung der Belastung einzelner Gliedmaßen, Stabilisierung der Rumpfmuskulatur, Bewegungseinschränkungen, Vorbereitung für den Sport (Abschätzen von Abständen), Schulung der Rhythmusfähigkeit junger Hunde

Einschränkung:
Schmerzzustände, schwere neurologische Ausfälle, Unfähigkeit zur Bewegung eines oder mehrerer Gliedmaßengelenke, Hunde mit amputierten Gliedmaßen, sehbehinderte Hunde

Für ein fokussiertes Cavaletti-Training haben sich für mich zwei Aufbauarten sehr gut bewährt.

Trainingslevel 1

»KLASSISCHES CAVALETTI-TRAINING«

Zielort: ganzer Körper

Bewegungsebene: Sagittalebene

Vorübung: Targets

Benötigte Utensilien:
2 Pylonen oder Steckstangen für den Garten, Cavaletti-Set bestehend aus mindestens 6 Stangen

Aufbau 1: Von Target zu Target

Zunächst muss der optimale Stangenabstand für Ihren Hund ermittelt werden. Nehmen Sie dazu einen Zollstock und messen Sie die Distanz zwischen dem oberen Schulterblattrand bis zum Boden. Das passt meist ganz gut. Die Höhe sollte in etwa auf Karpalgelenkhöhe (Mittelhand) eingestellt werden.

SCHWIERIGKEIT
LEICHT

EQUIPMENT
Targets, Cavaletti-Set

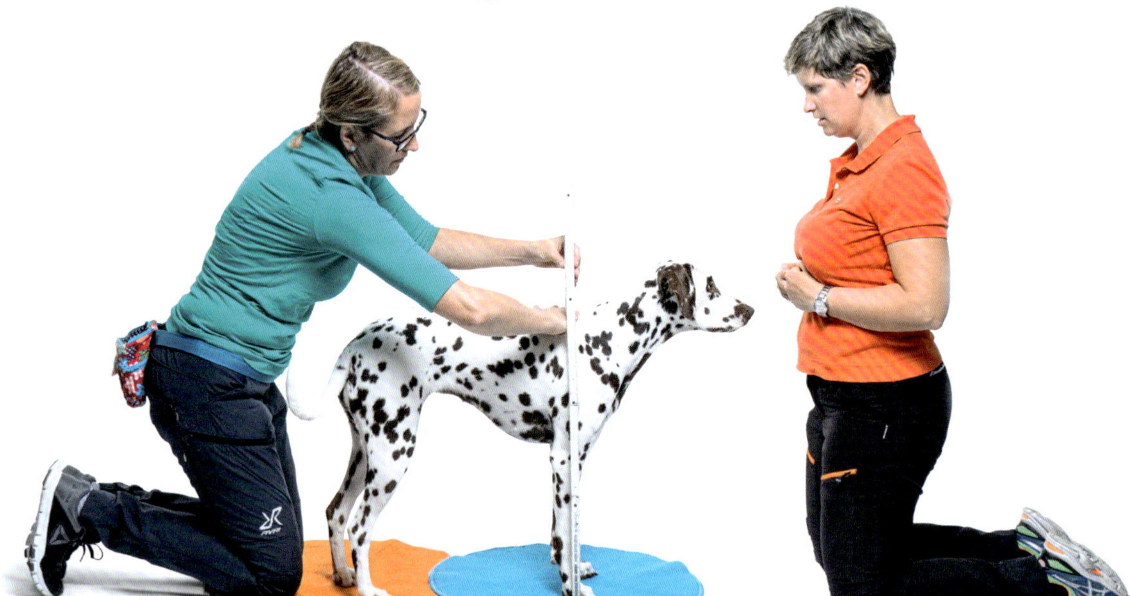

1. Legen Sie zwei Targets im Abstand von zwei bis drei Metern auf den Boden.
2. Wenn der Hund das Anlaufen zu Targets schon kennt, können Sie sich am Rand positionieren und den Hund von Target zu Target schicken.
3. Wenn die Targets noch nicht etabliert sind, können Sie von einer Hilfsperson Leckerchen auf die Targets legen lassen, die dann später abgebaut werden. Futter gibt es dann weiterhin, aber von einer externen Futterstelle (Futtertasche, Stuhl etc.) Wenn Sie alleine trainieren, haben Sie anfangs noch kein flüssiges Hin- und Herpendeln, da Sie den Hund zwischendurch platzieren müssen, um Leckerchen auf die Targets zu legen. Dies geht aber auch.

4. Wenn der Hund zielsicher und fokussiert von Target zu Target läuft, bauen Sie zunächst nur eine Stange mittig ein. Danach folgen je nach Können des Hundes zwei, vier und später eine ganze Serie.
5. Sie können nach einiger Zeit den Stangenabstand zentimeterweise vergrößern, um den Raumgriff zu verbessern. Wenn der Bewegungsablauf nicht mehr „rund" wirkt oder gar ein Zwischenschritt eingebaut wird, war es auf jeden Fall zu viel des Guten.
6. Der Übungsaufbau findet im Schritt statt, später kann man auch Schritt-Trab-Wechsel einbauen.

BEMERKUNG

Diesen Aufbau nehme ich gerne für die „spritzigen" Hunde und die Hütehunde, da durch die Stopp and Go - Variante nicht ganz so viel Tempo aufgebaut wird wie bei Variante 2. Wechseln Sie von Anfang an immer wieder Ihre Position, damit sich der Hund nicht auf eine Führseite festlegt.

Aufbau 2: Um Pylonen herum

Auch bei diesem Aufbau messen wir den optimalen Stangenabstand wie bei Aufbau 1.

1. Zunächst nehmen Sie nur eine Pylone und führen den Hund um diese herum.

   Es ist völlig in Ordnung, den Hund mit einem Futterstück zu locken, um eine Grundidee zu schaffen. Kennt er das Nasentarget, ist dieses auf jeden Fall zu bevorzugen.

   Die Bestätigung erfolgt zunächst an dem Punkt, an dem der Hund schon mit dem Kopf um die Pylone herum ist. Das Futter bekommt er dann, wenn er die Pylone umrundet hat, etwa auf Höhe der Schulter.
2. Nun können Sie auch das Wortsignal einführen (zum Beispiel „Außen").

3. Wenn das gut klappt und sich der Hund auch schon aus einer kleinen Distanz von ein bis zwei Metern gut um die Pylone schicken lässt, können Sie eine zweite Pylone einführen und den Hund in einer Achter-Tour um die Pylonen schicken. Positionieren Sie sich dabei immer mehr Richtung Mitte an den Rand und schicken von dieser Position aus um die Pylonen.

4. Der Abstand zwischen den Pylonen wird immer mehr vergrößert. Dann bauen Sie wie bei Aufbau 1 nach und nach die Stangenserie ein.

BEMERKUNG

Für Hütehunde oder Agility-Hunde, die ohnehin das Schicken nach außen und das Umrunden kennen (und lieben), würde ich eher die andere Aufbauvariante wählen, da bei diesem Aufbau mit Pylone gerne etwas Hektik und zu viel Tempo aufkommt und in vielen Fällen auch schnell laut wird. Wechseln Sie von Anfang an immer wieder Ihre Position, damit sich der Hund nicht auf eine Führseite festlegt.

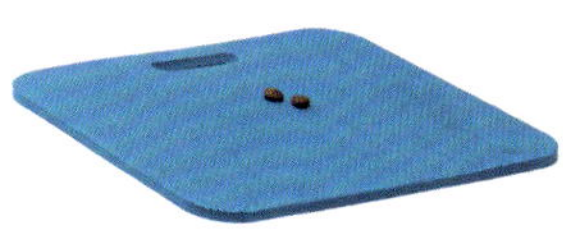

Hohe Cavaletti

Das hohe Cavaletti ist eine Sonderform des Cavaletti-Trainings und definitiv nicht für jeden Hund geeignet. Es ist eine dynamisch-konzentrische Muskelarbeit.

Trainingslevel 1

»HOHE CAVALETTI«

Zielort: ganzer Körper

Bewegungsebene: Sagittalebene

Vorübung: keine

Benötigte Utensilien:
Cavaletti-Set mit 4-6 Stangen

SCHWIERIGKEIT: SCHWIERIG

EQUIPMENT: Cavaletti-Set

Schwerpunkt:

Verbesserung Bewegungsausmaß und Muskelaufbau (Krafttraining)

Trainierte Struktur:

Stabilisiert:

Rücken

Aktiviert:

Alle Beweger der Gliedmaßengelenke wie zum Beispiel Schneidermuskel (M. sartorius), Spanner der Oberschenkelfaszie (M. tensor fasciae latae), vierköpfiger Kniegelenkstrecker (M. quadriceps/rectus femoris), zweiköpfiger Oberschenkelmuskel (M. biceps femoris), Lenden-Darmbeinmuskel (M. iliopsoas), Rückenmuskulatur

Mobilisiert:

Alle großen Gliedmaßengelenke

Einsatzbeispiele:

Aufbau für den Sport, Kräftigung der Hintergliedmaßen, bei zu wenig Gelenkbewegung zum Beispiel durch steile Hinterhand, Patella-Luxation Grad 1, sofern die Patella nicht in starker Kniebeugung luxiert

Einschränkung:

Schmerzzustände, Muskelverspannungen, neurologische Defizite, Vorsicht bei Ellbogengelenksdysplasie, Cauda equina Kompressions-Syndrom und Kniepatienten, bei Unfähigkeit zur Bewegung eines oder mehrerer Gelenke, gehandicapte Hunde mit einer amputierten Gliedmaße oder sehbehinderten Hunde

Ausführung:

1. Stellen Sie die Cavalettihöhe zwischen Sprunggelenk und Kniehöhe des Hundes ein.
2. Der Abstand zwischen den Stangen wird eher eng gewählt, wobei dies auch von der Hundegröße abhängig ist.
3. Damit der Hund nicht über die Hürde springt, nehmen wir ihn zunächst an die Leine und führen ihn wirklich ganz langsam über zwei bis drei Stangen. Es ist sinnvoll, hierfür weder Futter noch Targets zu verwenden, da der Hund seine ganze Konzentration für die Abschätzung der Höhe und Weite der Stangen braucht. Diese Übung verlangt unserem Hund wirklich viel Konzentration und Kraft ab. Wenn wir bei den hohen Cavalettis Futter zwischen die Stangen legen würden, haben wir einen Konzentrationsabbruch und beim nächsten Schritt wird er vermutlich alles umwerfen.
4. Wenn zwei bis drei Stangen problemlos überwunden werden, kann die Serie auf bis zu sechs Stangen erhöht werden.

Bemerkung:

Achten Sie unbedingt auf Genauigkeit und Ruhe während der Übung. Geht der Hund schaufelnd über die Stangen, sind diese auf jeden Fall zu hoch gewählt.

TIPP

Ein guter Einfall meiner geschätzten Kollegin Sabine Mai ist, kleine Glöckchen an einzelne Stangen zur Selbstkontrolle zu hängen. Natürlich kommt das für geräuschempfindliche Hunde eher weniger in Frage.

Verschiedene Varianten des Cavaletti-Trainings

Hier finden Sie einige Anregungen für mehr Abwechslung im Cavaletti-Training. Außerdem können Sie so gleichzeitig mehrere Aspekte des Koordinationstrainings ansprechen.

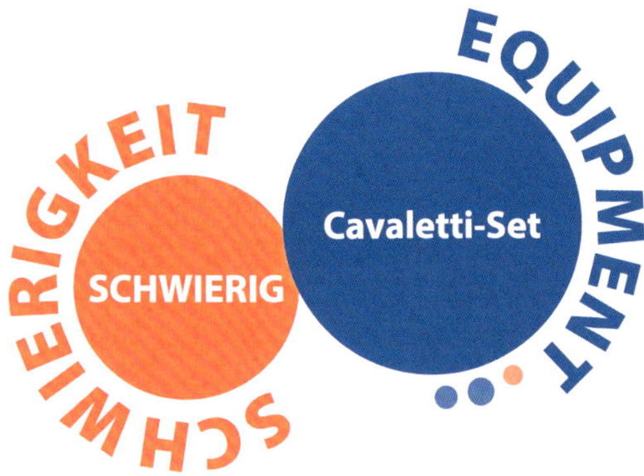

Hier meine TOP 10:

1. Kurve:

Stangen werden mehr oder weniger eng im Halbkreis oder in einer Kurve aufgebaut.

Schwerpunkt:

Biegung und Gymnastizierung der Wirbelsäule und der entsprechenden Muskulatur

Bemerkung:

Um eine gleichmäßige Biegung zu haben, empfiehlt es sich, innen an der Engstelle mitzulaufen.

2. Acht mit einer Stange:

Der Hund läuft eine Achter-Tour über eine Cavaletti-Stange.

Schwerpunkt:

Biegung und Gymnastizierung der Wirbelsäule und der entsprechenden Muskulatur.

Bemerkung:

Agility-Hunde kommen hier gerne in den Arbeitsmodus. Wählen Sie stattdessen dann eher die Kurve als Variante.

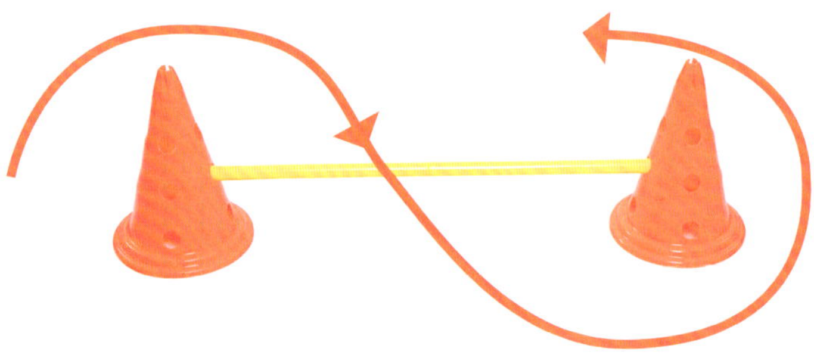

3. Drunter und drüber:

Schwerpunkt:
Umstellungsfähigkeit/Anpassungsfähigkeit

Bemerkung:
Hunde mit großen gesundheitlichen Defiziten können hier Mühe haben, da sie unter den Stangen durchkriechen müssen.

4. Zick-Zack:

Schwerpunkt:
Differenzierungsfähigkeit, Umstellungsfähigkeit, Konzentration

Bemerkung:
kein Fokus nach vorne (ohne Target), Hund muss sehen, wo er hintritt.

Trainingslevel 2

»CAVALETTI-VARIANTEN«

Zielort: ganzer Körper

Bewegungsebene: Sagittalebene

Vorübung: keine

Benötigte Utensilien:
Cavaletti-Set bestehend aus mindestens 6 Stangen (Fußballbedarf), alternativ Besenstiele oder Pflanzenstangen aus Kunststoff für kleine Hunde. Für den Garten evtl. noch Zeltheringe zum Befestigen.

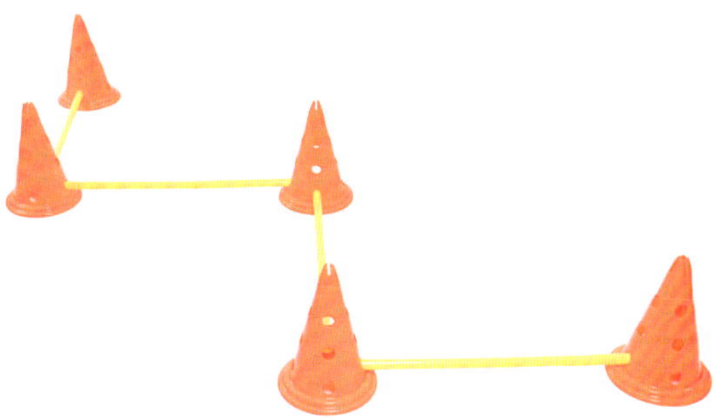

5. Treppe:

Schwerpunkt:
Aufmerksamkeit, Gymnastizierung

Bemerkung:
geführte Variante mit Leine oder Körpersprache.

6. Unregelmäßiger Abstand:

Schwerpunkt:
Differenzierungsfähigkeit/Anpassungsfähigkeit, Konzentration

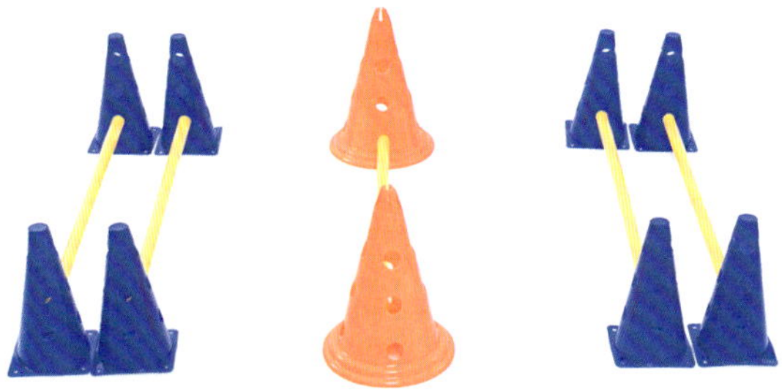

Bemerkung:
Kein Fokus nach vorne (ohne Target), Hund muss sehen, wo er hintritt

7. Unregelmäßige Höhe:

Schwerpunkt:
Differenzierungsfähigkeit/Anpassungsfähigkeit, Anpassung, Konzentration

Bemerkung:
Höhe kann auch nur an der Seite als herabhängende Stange variiert werden

8. Slalom:

Schwerpunkt:
Biegung und Gymnastizierung der Wirbelsäule und der entsprechenden Muskulatur.

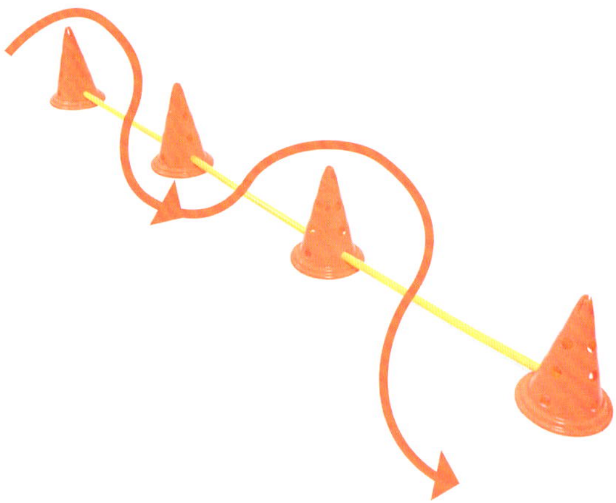

Bemerkung:
Kann mit mehr oder weniger starker Biegung gelaufen werden, je nachdem, wie ausladend geführt wird.

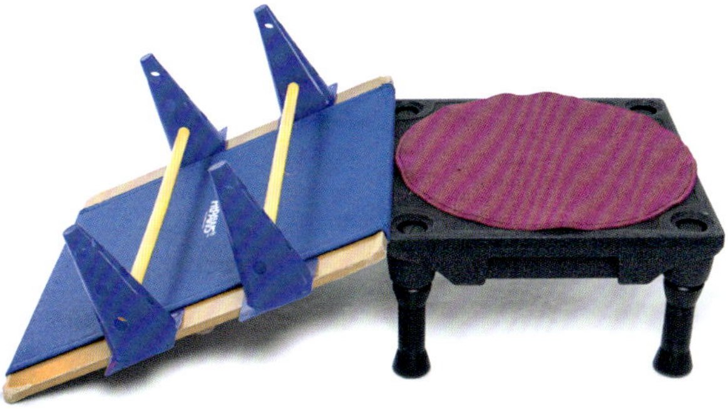

9. Über Schrägwand:

Schwerpunkt:

Krafttraining, Verbesserung des Schubs aus der Hinterhand

Bemerkung:

Eine flache Schrägwand auf dem Hundeplatz eignet sich hervorragend dafür. Aber auch eine steile Garageneinfahrt erfüllt ihren Zweck.

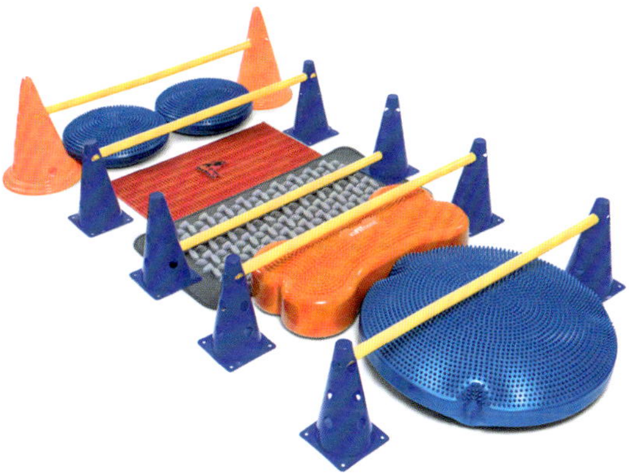

10. Verschiedene Untergründe:

Schwerpunkt:

Gleichgewichtsfähigkeit, Rhythmusfähigkeit, Differenzierungsfähigkeit

Bemerkung:

Eine Übung, die sich gut in die Natur transportieren lässt! Kieselsteine, ein Bachlauf, Laub, Gras ... Hier ist Ihr Ideenreichtum gefragt. Natürlich kann man auch eine Luftmatratze unterlegen. Allerdings sollte man bei Senioren, Welpen und Hunden mit neurologischen Defiziten mit einfachen und festen Untergründen beginnen, damit eine Überforderung ausbleibt.

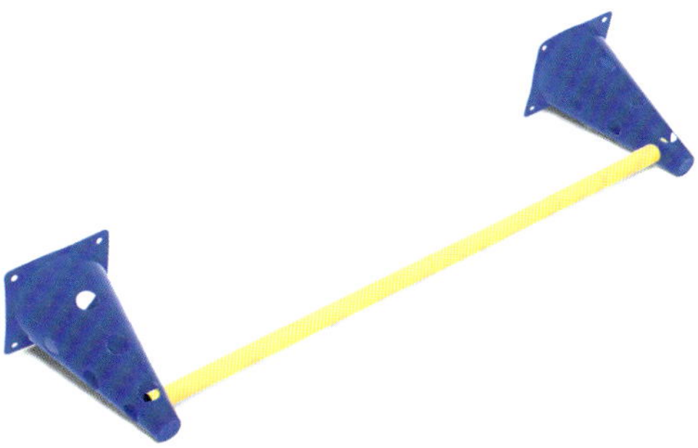

TIPP

Für den Anfang kann man die Stangen in das oberste Loch der Pylone stecken. Damit liegt die Stange sehr bodennah und ist außerdem vor dem Wegrollen gesichert.

Kombinationen mit Schwerpunkt Balance

Balanceübungen werden hauptsächlich eingesetzt, um die Muskelkoordination zu fördern. Dadurch werden die Bewegungsabläufe fließender und die Zusammenarbeit zwischen Muskeln und Nervensystem wird deutlich besser.

Trainiert werden hauptsächlich die kleinen tiefliegenden Muskeln. Diese machen eigentlich den Stützapparat aus und sorgen für ausreichend Stabilität. Außerdem werden die Rezeptoren in Muskeln, Sehnen, Bändern, Faszien und Gelenkkapseln sowie gleichzeitig auch die *synergistisch* arbeitenden Muskeln trainiert. Das sind die Muskeln, die unterstützend arbeiten. Je weniger feste Kontaktpunkte der Hund zum Boden hat, desto schwieriger und anspruchsvoller die Übung!

Leistungsstand	***Equipment***	***Übungen***
Anfänger/ Rehapatient	*Matte*	*Positionswechsel* *Beine nacheinander anheben* *Langsames Kreiseln*
Fortgeschritten	*Plattform wackelig unterlegt*	*Positionswechsel* *Beine selbstständig anheben lassen* *Zügiges Kreiseln*
Profi	*Peanutball*	*Positionswechsel* *Beine selbstständig anheben lassen* *Zügiges Kreiseln*
Profi	*Cavaletti über Luftmatratze*	*Vor › zurück › seitlich › Kreiseln*

EQUIPMENT

Mini Paw Pods und Target von Hannis Ballshop

SCHWIERIGKEIT

SCHWIERIG

Balance-Bahn „Weit-eng-weit-eng“

Eine gute Übung für Hunde mit Abweichungen des Bewegungsablaufes und um die Koordination zu verbessern (Anpassung, Orientierung, Umstellung und Gleichgewicht).

Dazu nehmen Sie einfach unterschiedlich breite Hilfsmittel und legen damit eine Straße, die der Hund langsam überlaufen soll.

KRAFTÜBUNGEN

Ein regelmäßiges Krafttraining sollte nicht nur auf dem Trainingsplan eines Sporthundes stehen, sondern gehört neben Koordination, Beweglichkeit und Ausdauer in jedes Fitnesstraining, um den Körper langfristig leistungsfähig zu halten und altersbedingten Abbauprozessen entgegen zu wirken.

Was bewirken Kraftübungen?

» Erhalt der Belastbarkeit des Stützapparates
» Verbesserung der Leistungsfähigkeit
» Ausgleich von muskulären Dysbalancen
» Verbesserung der intra- und intermuskulären Koordination
» Optimierung des Bewegungsablaufes
» Erhöhung der Festigkeit von Bändern, Sehnen und Knochen
» Dämpfungsfunktion und Verletzungsprophylaxe
» Regulierung des Energiestoffwechsels und Förderung der Fettsynthese

Die verschiedenen Kraftarten

Maximalkraft:

Die Maximalkraft ist die höchstmögliche Kraft, die ein Körper willkürlich gegen einen unüberwindlichen Gegenstand erzeugen kann. Die Schnellkraft und die Kraftausdauer bauen auf der Maximalkraft auf. Man unterscheidet zwei Formen der Maximalkraft:

1. Die statische Maximalkraft (ein Beispiel wäre das Weightpulling)
2. Die dynamische Maximalkraft (eine impulsive Entladung der Maximalkraft)

Das Ziel von einem Maximalkrafttraining ist es, immer möglichst alle Muskelfasern zu aktivieren und spielt im Fitnesstraining eher eine untergeordnete Rolle.

Schnellkraft:

Die Definition der Schnellkraft ist die Fähigkeit des neuromuskulären Systems, in einer kurzen Zeiteinheit einen möglichst großen Impuls zu erzeugen. Wir unterscheiden hierbei nochmals die einmalige Bewegung wie den Sprung über eine Hürde oder mehrfache Bewegungsvorgänge wie beim Sprint. Für die Schnellkraft braucht der Hund ein funktionierendes koordinatives System.

Reaktivkraft:

Im Gegensatz zur Schnellkraft kommt es bei der Reaktivkraft zu einem sogenannten Dehnungs-Verkürzungszyklus, bei dem die Muskulatur zunächst in eine kurze exzentrische Vordehnung geht, um dann in die konzentrische Phase überzugehen. Diese Kraftart kommt bei wippenden Bewegungen oder Absprüngen mit Anlauf vor.

Kraftausdauer:

Damit ist die Ermüdungswiderstandsfähigkeit bei wiederholenden statischen und dynamischen Krafteinsätzen gemeint. Beim Training der Kraftausdauer werden meist mittlere Intensitäten und längere Belastungszeiten gewählt. Bei der Kraftausdauer können wir noch zwischen dynamischer (in Bewegung) und statischer (Position halten) Kraftausdauer unterscheiden. Je nach Dauer und Intensität des Krafteinsatzes wird noch zwischen aerober Kraftarbeit und anaerober Kraftarbeit unterschieden.

Im Präventionsbereich und im Hundefitnesstraining können wir vom Einsatz einer Maximalkraft von 30-50 % bei einer dynamischen zügigen Arbeitsweise ausgehen.

Krafttraining

Trainiert wird die Kraftausdauer entweder in Bewegung (dynamisch) oder indem wir eine Bewegung halten (isometrisch). Aber auch Mischformen wie bei der Übung „Platz angedeutet" (siehe S. 257) mit kurzer Haltephase. Für den Anfang können zwei Wiederholungen schon ausreichend sein. Achten Sie unbedingt auf Ermüdungsanzeichen. Zu Beginn kann es zu einem kurzen Ansteuerungszittern kommen (Muskel beginnt zu arbeiten). Wenn Ihr Hund gegen Trainingsende ein Muskelzittern zeigt, ist dies ein Ermüdungszeichen. In diesem Fall war es zu viel und Sie sollten dem Hund unbedingt 72 Stunden Pause gönnen.

Gestalten Sie das Training abwechslungsreich und bauen Sie auch in dynamische Übungen haltende Komponenten ein, um dann nach und nach die Zeit auszudehnen.

Extensive Intervallmethode von Kraftübungen (extensiv = mittlere Intensität)

Dauer
5-10 WH = Wiederholungen

Umfang
2 Sätze je Übung

Pause zwischen den Sätzen
30-60 Sekunden

Regeneration/Superkompensation
24-48 Stunden

MERKE

Wenn der Hund nicht beweglich ist und Dysfunktionen hat, z. B. direkt nach Operationen, sollten Sie Ihn keinesfalls nur mit Kraftübungen alleine belasten!

Zwei Varianten für geübte und fitte Hunde

Sätze mit 2-3 Übungen der gleichen Muskelgruppe sowie deren Gegenspieler ohne Pause unmittelbar hintereinander absolvieren lassen.

Zum Beispiel macht Ihr Hund 4-5 Sitz-Steh-Wechsel am Schrägbrett, hält die Position 5 Sekunden im angedeuteten „Sitz" (hoher Reiz) und geht dann wieder zurück auf 4-5 normale Wiederholungen (2 Sets).

Isometrisches Krafttraining

Natürlich könnte man es auch einfach nur isometrisches Training nennen. Allerdings zeigt die Erfahrung, dass isometrische Übungen immer unterschätzt werden. Denn eigentlich sind sie nichts anderes als ein Krafttraining. Diese Übungen eignen sich übrigens hervorragend für sehr hibbelige Hunde mit Konzentrationsschwierigkeiten. Erstaunlicherweise werden sie bei dieser Art von Training recht ruhig. Dies mag vielleicht auch daran liegen, dass der Mensch dabei sehr ruhig und fokussiert arbeiten muss, um den kleinsten Gegendruck wahrzunehmen.

Was ist Isometrie eigentlich?

Die Definition liefert nicht wirklich viel Aufschluss. ISO = gleich und METRIK = Maß › also ein gleiches Maß an Druck und Gegendruck.

Natürlich kann man eine abgeschwächte Form des isometrischen Krafttrainings zur Schulung der Körperwahrnehmung einsetzen und nur ganz kurz mit wenig Intensität Gegendruck aufbauen lassen. Im Sinne eines Muskelkraftzuwachses sollten wir aber bei einer Maximalkraft von 60-80% 4-8 Sekunden halten und 12 Sekunden entspannen (10 WH). Die Wiederholungen orientieren sich an der eingesetzten Maximalkraft, daher: weniger Intensität = mehr Wiederholungen.

Um anfangs nicht zu viel Druck aufzubauen, kann man eine kleine, flache Küchenwaage verwenden. Bei kleinen Hunden fängt man bei 50-150g an, bei mittelgroßen Hunden 150-300g und bei großen Hunden bis 600g.

Vorsicht bei:

- schwerer Herzinsuffizienz (Blutdruckanstieg)
- Infektionen/Fieber
- starken Schmerzen
- Sehnenverletzungen/Reizungen – hier mit weniger Intensität üben
- bei jungen Hunden sehr angepasst und maximal 1-2 x pro Woche, langsam und moderat.

ISOMETRISCHE KRAFTÜBUNGEN - PRAXISTEIL

Grundübungen

Grundsätzlich sollte bei dieser Übung auf viel Ruhe geachtet werden. Die eigene Positionierung ist dabei sehr wichtig. Üblicherweise nimmt man dabei eine entspannte Haltung vor oder seitlich zum Hund ein – je nachdem, welchen Körperteil man bearbeiten möchte. Der Hund soll durch Ihre ruhige Körpersprache selbst die nötige Ruhe erfahren. Vermeiden Sie deshalb hektische oder schnelle Bewegungen. Es sollte wenig und wenn überhaupt dann ruhig gesprochen werden. Außerdem empfiehlt sich eine externe Futterstelle, um keine direkte Ablenkung durch Futter zu haben.

Besonders geeignet für isometrische Übungen ist die Plattform. Der Hund wird durch diese räumlich begrenzt und stationiert, was ein ruhiges Arbeiten erleichtert.

Dies ist tatsächlich keine Übung für „Jederhund", da er hierbei bedrängt wird und er selbst bedrängen soll. Mit genügend Übung sollte dies aber möglich sein. Es gibt auch Hunde, die den gewünschten Gegendruck nicht anbieten. Dann ist es ratsam, entweder auf andere Übungen zurückzugreifen oder man versucht, durch die Veränderung der eigenen Position oder der Intensität einen Gegendruck zu bekommen.

Training seitliche Halsmuskulatur

Es wird seitlich ein leichter Druck an der zu trainierenden Halsseite aufgebaut und jeglicher Gegendruck bestätigt.

Trainierte Struktur:

Seitliche Halsmuskulatur, sowohl unter der Hand als auch der Gegenseite. Seite, die trainiert werden soll, wird mehr angesprochen, die gegenüberliegende Seite stabilisiert und wird aktiviert

Einsatzbeispiele:

Als Warm-up für IPO-Sport, Ausgleichsübung der Fuß-Übung (Druck links), Körpertraining im Verhaltenstraining, Verbesserung der Körperwahrnehmung

Training Nackenmuskulatur

Es wird von oben auf den Nacken leicht Druck aufgebaut und der Gegendruck gegen die Hand bestätigt.

Trainierte Struktur:

Halsstrecker werden aktiviert, die Beuger stabilisieren

Einsatzbeispiele:

Als Warm-up für IPO-Sport, Ausgleichsübung für Suchhunde, die tiefnasig arbeiten, Körpertraining im Verhaltenstraining, Verbesserung der Körperwahrnehmung

Training Brustmuskulatur/Schulterbereich

Stemmen Sie gegen die Brust und bestätigen den Gegendruck in Ihre Richtung.

Trainierte Struktur:

Die Schultermuskulatur, die Brustmuskulatur und alle Muskeln der Hintergliedmaßen, die für das Vorwärtsstemmen zuständig sind, die Rückenmuskulatur nimmt eine stabilisierende Funktion ein

Einsatzbeispiele:

Als Warm-up für alle Sporthunde (Zughundesport, Agility), aktiviert das Vorwärtsstemmen und kann zum Training der Schulterstabilität eingesetzt werden

Training Schulter außen

Bauen Sie seitlich am Schulterblatt langsam Druck auf. Der Hund sollte trotz ausgeübten Drucks nicht aus der Balance gebracht werden. Es ist ausgesprochen wichtig, dass der Hund dabei parallel steht.

Trainierte Struktur:

Seitliche Schultermuskulatur aktivierend, innere Schulter,- und Oberarmmuskulatur stabilisierend. Gegenseite nimmt ebenfalls eine stemmende Funktion ein

Einsatzbeispiele:

Kräftigung der äußeren Schulterpartie, Körpertraining, Körperbewusstsein, tolle Übung für die Hundestunde – für Jung und Alt

Training Oberarm innen

Es wird von innen Druck nach außen ausgeübt. Dazu können Sie nur eine Hand auf einer oder beide Hände überkreuzt auf jeweils einer Innenseite einsetzen. Bitte achten Sie auf eine parallele Beinstellung.

Trainierte Struktur:

Brustmuskulatur, Schultermuskulatur und Oberarmmuskulatur innen

Einsatzbeispiele:

Hunde, die sozusagen „schwach" auf der Brust sind und mehr Stabilität vertragen könnten, hoch angesetzter Brustkorb, mediale Schulterinstabilität

Training vordere Oberschenkelmuskulatur

Gehen Sie hinter dem Hund in die Hocke und legen Ihre Hände beidseitig auf die vordere Oberschenkelmuskulatur (Quadrizepsgruppe) und geben langsam von vorne Druck in Richtung Rute auf den Oberschenkel ab. Bestätigen Sie den Gegendruck vom Hund in Ihre Hände. Dazu ist eine Hilfsperson sinnvoll, die am Kopf steht und vielleicht sogar etwas mit Futter nach vorne weglockt. Bitte auf parallelen Beinstand achten.

Trainierte Struktur:

Vordere Oberschenkelmuskulatur sowie die Hüftbeuger

Einsatzbeispiele:

Patellaluxation, Verbesserung des Vorwärtsstemmens

Training seitliche Oberschenkelmuskulatur

Sie setzen sich seitlich zum Hund und geben auf der zu trainierenden Seite langsam aufbauenden Druck auf den seitlichen Oberschenkel und bestätigen anfangs jeden kleinen Gegendruck.

Trainierte Struktur:

Kruppenmuskulatur (Glutealmuskulatur) seitliche Oberschenkelmuskulatur (M. biceps femoris), die Innenseite und die Gegenseite nimmt eine stabilisierende Funktion ein

Einsatzbeispiele:

Muskeldifferenzen, Engstand der Hintergliedmaßen (zum Beispiel durch HD), allgemeine Kräftigung, Verbesserung Hinterhandbewusstsein

Training Hinterhand allgemein I

Das ist eine gute Übung, die man auch alleine mit einem Hund machen kann. Nehmen Sie dazu ein Futterstück oder eine Futtertube in eine Hand und lassen den Hund daran nagen oder lecken (zur Ablenkung). Im nächsten Schritt nehmen Sie vorsichtig mit vorhergehender Ankündigung ein Vorderbein auf, sodass der Hund mehr Belastung auf die Hinterhand nehmen muss. Diese Position kann man mehrere Sekunden halten. Bestätigen Sie den Hund und wechseln anschließend die Seite. Wenn Sie beispielsweise hinten rechts verstärkt trainieren möchten, nehmen Sie dazu das vordere linke Bein auf und umgekehrt.

Bemerkung:
Diese Übung bitte nicht bei Lahmheiten einsetzen!

Trainierte Struktur:

Hintergliedmaßen, vor allem die Gliedmaße diagonal zum angehobenen Vorderbein, stabilisiert die Rumpfmuskulatur

Einsatzbeispiele:

Muskeldifferenzen, allgemeine Kräftigung Hinterhand, Koordinationsverbesserung, Fitnesstest, Hinterhandbewusstsein

Training Hinterhand allgemein II

Setzen Sie sich dazu hinter den stehenden Hund und schieben vorsichtig eine Hand unter die zu trainierende Hinterpfote (evtl. mit Ankündigung). Sie dürfen dabei die Gliedmaße nicht stark anheben bzw. beugen, da sonst kein Druck nach unten weggegeben werden kann. Sobald sich der Hund nach unten in Ihre Hand stemmt, bestätigen Sie.

Bemerkung:
Diese Übung bitte nicht bei Lahmheiten einsetzen!

Trainierte Struktur:

Das angehobene Bein wird aktiviert, die Gegenseite und die Rückenmuskulatur stabilisiert

Einsatzbeispiele:

Muskeldifferenzen, allgemeine Kräftigung der Hintergliedmaßen, Koordinationsverbesserung, Hinterhandbewusstsein

WEITERE KRAFTÜBUNGEN - PRAXISTEIL

Rumpfbeuge seitlich

Die seitliche Rumpfbeuge ist eine dynamisch-konzentrische Übung, bei der sich Kopf und Rumpf des Hundes im Liegen seitlich aufrichten.

SCHWIERIGKEIT
LEICHT
MITTEL

Trainingslevel 1

»RUMPFBEUGE SEITLICH«

Zielort: Rumpf, Rückenmuskulatur, Bauchmuskulatur

Bewegungsebene: Transversalebene

Vorübung: keine

Benötigte Utensilien: Matte

Schwerpunkt:
Kräftigung und Beweglichkeit der verkürzten Seite

Trainierte Struktur:

Stabilisiert:
Schulter- und Oberarmmuskulatur der Gegenseite

Aktiviert:
Den Kopf-Arm-Muskel (M. brachiocephalicus), Schulter-Halsmuskel (M. omotransversarius), Darmbein-Rippenmuskel (M. iliocostalis), Langer Rücken-, Hals- und Kopfmuskel (M. longissimus), die kleinen Dreher der Wirbelgelenke sowie Schulterbeuger/Feststeller und die seitliche Bauchmuskulatur

Mobilisiert/dehnt:
Wirbelgelenke

Einsatzbeispiele:
Kräftigung von Rückenmuskulatur, wenig Stabilität und Kraft von Rumpfmuskulatur, Sporthunde (Agility, Ausgleich Fußarbeit)

Einschränkung:
Schmerzzustände, Verspannungen, akute Halswirbelsäulenerkrankungen, Instabilität der Wirbelsäule

Ausführung:
1. Am besten legen Sie Ihren Hund seitlich auf eine stabile Unterlage.
2. Nun lassen Sie ihn eine Seitenneigung des Rumpfes zur Seite weg beschreiben.
3. Damit sich Ihr Hund zügig, kraftvoll und motiviert nach oben reckt, nehmen Sie vorzugsweise schmackhafte Leckerchen.
4. Lassen Sie Ihren Hund nun an den Leckerchen knabbern, führen ihn in Richtung Körpermitte und bestätigen Sie in dieser Position.
5. Führen Sie den Hund wieder bodenwärts und wiederholen Sie die Übung anfangs 4-5 Mal. Später können Sie die Wiederholungszahl steigern.
6. Trainieren Sie beide Seiten gleichermaßen, außer, Sie haben ein einseitiges Defizit vorliegen (weniger Rückenmuskulatur).

BEMERKUNG

Wenn der Hund viel Fußarbeit macht, kann man über die Gegenseite einen Ausgleich schaffen. Trainieren Sie hierzu die linke Körperhälfte, da sich die rechte Seite meist mehr oder weniger stark verkürzt und auch etwas anspannt.

Core Power

Hierbei soll sich Ihr Hund kräftig nach vorne stemmen und diese Position 2-4 Sekunden lang halten. Dies ist eine wunderbare statische Kräftigungsübung für Hunde, die über wenig Stabilität in der Vorderhand und über wenig Brustmuskulatur verfügen.

Schwerpunkt:
Kräftigung und Stabilisierung des ganzen vorderen Bereiches

Trainingslevel 1

»CORE POWER«

Zielort: Schulter, Rumpf

Bewegungsebene: Sagittalebene

Vorübung: keine

Benötigte Utensilien: kleine Plattform oder kleiner Hocker

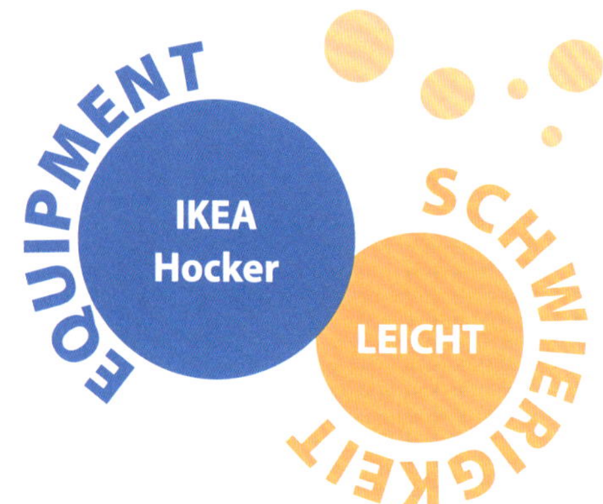

Trainierte Struktur:

Stabilisiert:

Die Brustmuskulatur (Mm. pectorales). Rautenmuskel (M. rhomboideus), die Grätenmuskeln

Aktiviert:

An dieser Stelle werden die Muskeln erwähnt, die den Großteil der Stemmphase abdecken und an der Brustkorbaufhängung beteiligt sind: Kopf-Arm-Muskel (M. brachiocephalicus pars cleidocervicalis), tiefer Brustmuskel (M. pectoralis profundus), ventraler gezahnter Muskel (M. serratus ventralis), Rautenmuskel (M. rhomboideus), Trapezmuskel (M. trapezius), Deltamuskel (M. deltoideus), dreiköpfiger Oberarmmuskel (M. triceps brachii), der zweiköpfige Oberarmmuskel (M. brachii) sowie der obere und untere Grätenmuskel. Des Weiteren die stemmenden Muskeln der Hinterhand und die Rückenmuskulatur

Einsatzbeispiele:

Hunde mit zu wenig Stabilität in der Vorderhand, Muskelaufbau von Brustmuskulatur und Stabilisatoren der Schulter, unterstützend zum Sprungtraining

Einschränkung:

Orthopädische Probleme im Allgemeinen und Verspannungen im Schulterbereich sowie im Rücken

Ausführung:

1. Wählen Sie für diese Übung eine kleine Plattform oder einen kleinen Hocker.
2. Der Hund darf den Vorderhandtarget erklimmen oder Sie locken ihn alternativ auf die Erhöhung in Position.
3. Sie positionieren sich stehend vor dem Hund und „ziehen" diesen an der Futterhand langsam nach vorne. Dabei soll er sich richtig auf der Erhöhung abstemmen müssen. Der Kinntarget eignet sich ebenso gut, sofern sich Ihr Hund nicht in Ihrer Hand entspannt und dadurch mit der Schulter einsinkt.
4. Sie halten diese Spannung etwa 2-4 Sekunden, bestätigen Ihren Hund und geben das Futter in der Position.
5. Entlassen Sie den Hund kurz aus der Stemmposition und wiederholen dann diese Übung je nach Fitnessgrad 3-5 Mal.
6. Wenn Sie mehr im Stabilitätsbereich arbeiten möchten, können Sie auch einen leicht wackeligen Untergrund zum Abstützen verwenden. Dadurch kann der Hund allerdings nicht die gleiche Stemmkraft aufbringen. Sie können beide Varianten verwenden, wobei Sie die wackelige Variante zuerst üben, solange Ihr Hund koordinativ noch nicht ermüdet ist.

Bemerkung:

Bedenken Sie bitte, dass der Hund beim Futterlocken immer über seine Leistungsgrenze geht. Sie müssen also den Leistungsstand Ihres Hundes beurteilen und die geeignete Wiederholungszahl einschätzen.

Pivot up & down

Diese Übung ist dem Elefantentrick sehr ähnlich, nur muss der Hund den Vorderhandtarget nicht komplett mit der Hinterhand umrunden, sondern nur ein Hinterhandtarget überwinden. Der Hund beschreibt eine Vierteldrehung, der Rücken bleibt dabei gerade.

Schwerpunkt:

Verbesserung Bewegungsausmaß, Koordination/Hinterhandbewusstsein, Muskelaufbau Hinterhand

Trainingslevel 2

»PIVOT UP & DOWN«

Zielort: Äußere Oberschenkelmuskulatur

Bewegungsebene: Transversalebene

Vorübung: Stationstarget/Elefantentrick

Benötigte Utensilien: ein Balance-Pad für die Vorderhand und ein Hinterhandtarget (leicht erhöht)

Bemerkung:

Wenn Ihr Hund bei dieser Übung öfters den Vorderhandtarget verlässt, frischen Sie nochmals separat das Stationstarget für die Vorderhand auf. Sie sollten keinesfalls an zwei losen Schräubchen gleichzeitig drehen müssen.

EQUIPMENT
IKEA Hocker und FitPaws Fitbone

SCHWIERIGKEIT
MITTEL

Trainierte Struktur:

Stabilisiert:
Rumpfmuskulatur

Aktiviert:
Die Kruppenmuskeln (Glutealmuskulatur), zweiköpfigen Oberschenkelmuskel (M. biceps femoris)

Mobilisiert/dehnt:
Die innere Oberschenkelmuskulatur/Adduktoren (werden auch aktiviert)

Einsatzbeispiele:
Hunde, die generell hinten eng laufen, Muskeldefizite durch Erkrankungen der Hintergliedmaßen wie zum Beispiel HD (angepasst), zu wenig Hinterhandbewusstsein

Einschränkung:
Hochgradige neurologische Erkrankungen und Schmerzzustände im hinteren Rückenbereich, Instabilität der Wirbelsäule (auch durch Muskelschwäche). Schmerzhafte Cauda equina-Patienten mögen die Streckung im hinteren Rücken nicht, hier den Vorderhandtarget sehr flach wählen

Ausführung:
1. Das Vorderhandtarget ist dem Hund schon bekannt oder sogar schon der Elefantentrick.
2. Sie positionieren sich stehend vor dem Hund und wählen den passenden Abstand, wobei Sie den Hund nicht nach vorne ziehen sollten (die Hauptlast liegt auf der Hinterhand).
3. Der Hund wird von hinten auf die Erhöhung geführt. Die Station für die Hinterhand befindet sich seitlich zum Hund und darf natürlich vorher eingehend inspiziert werden.
4. Bestätigen Sie zunächst ein paar Mal das ruhige Stehen und die Aufmerksamkeit. Achten Sie auf eine ruhige Durchführung.
5. Wenn der Hund den Elefantentrick schon kennt, können Sie ihn mit einem langsamen Seitenschritt seitlich mitnehmen.
6. Sollte der Hund den Elefantentrick nicht kennen, dafür aber das Stationstarget, können Sie mit dem Nasentarget Hilfestellung geben. Den Nasentarget platzieren Sie auf Ihrer Schritthöhe. Falls der Nasentarget ebenfalls unbekannt ist, können Sie auch ein Leckerchen vor sich platzieren und den Hund damit locken.
7. Jede noch so kleinste Hinterhandbewegung (oder Muskelbewegung) wird auf den Punkt bestätigt. Futter kommt direkt im Anschluss in Position.
8. Wenn der erste Schritt gelingt, lösen Sie die Übung kurz auf und führen den Hund wieder in die Ausgangsstellung.
9. Bewährt hat sich, zunächst nur eine Richtung zu festigen. Später sollten Sie dann in den darauffolgenden Übungseinheiten beide Richtungen trainieren.
10. Gerne können Sie ein Wortsignal einführen. Ich favorisiere die Körperhilfe durch Seitwärtsbewegung.

EQUIPMENT: IKEA PLUFSIG Gymnastikmatte

SCHWIERIGKEIT: MITTEL

Sidewalk

Eine schöne Übung, die man auch gut in den Garten oder in den Wald verlegen kann. Der Hund soll seitlich in unsere Laufrichtung mitgehen.

Schwerpunkt:

Koordination/Hinterhandbewusstsein, Muskelaufbau Hinterhand, Verbesserung Bewegungsausmaß

Mit Cavaletti-Stangen kann man zusätzlich mehr die Beugung der Gliedmaßen aktivieren.

Je höher der Vorderkörper, desto anspruchsvoller die Übung.

Training 2

»SIDEWALK«

Zielort: Äußere Oberschenkelmuskulatur

Bewegungsebene: Transversalebene

Vorübung: Stationstarget

Benötigte Utensilien: Eine Schwimmnudel oder eine andere längliche Stationierung, liegender Baumstamm im Wald

Trainierte Struktur:

Stabilisiert:
Rumpfmuskulatur

Aktiviert:
Die Kruppenmuskeln (Glutealmuskulatur), zweiköpfiger Oberschenkelmuskel (M. biceps femoris)

Mobilisiert/dehnt:
Die innere Oberschenkelmuskulatur/Adduktoren (werden auch aktiviert)

Einsatzbeispiele:
Hunde, die generell hinten eng laufen, Muskeldefizite durch Erkrankungen der Hintergliedmaßen wie zum Beispiel HD (angepasst), zu wenig Hinterhandbewusstsein

Einschränkung:
Hochgradige neurologische Erkrankungen und Schmerzzustände im hinteren Rückenbereich. Instabilität der Wirbelsäule (auch durch Muskelschwäche). Schmerzhafte Cauda equina-Patienten mögen die Streckung im hinteren Rücken nicht sehr gerne, man kann stattdessen eine niedere Stationierung wählen (flache Targets).

Ausführung:
1. Der Hund kennt den Vorderhandtarget oder sogar schon den Elefantentrick.
2. Sie positionieren sich stehend vor dem Hund.
3. Führen Sie den Hund von hinten auf die Erhöhung, damit er mit den Vorderbeinen ruhig zum Stehen kommt.
4. Bestätigen Sie das ruhige Stehen und die Aufmerksamkeit mit einigen Leckerchen.
5. Wenn der Hund den Elefantentrick schon kennt, nehmen Sie ihn mit einem langsamen Seitenschritt mit.
6. Falls er den Elefantentrick nicht kennt, aber das Stationstarget, können Sie mit Hilfe des Nasentargets arbeiten. Das Nasentarget platzieren Sie auf Schritthöhe. Sollte das Target unbekannt sein, können Sie auch ein Leckerchen auf Schritthöhe platzieren und den Hund damit locken.
7. Jede noch so kleine Hinterhandbewegung (oder Muskelbewegung) wird gleich bestätigt. Direkt danach wird gefüttert.
8. Sobald der erste Schritt gelingt, lösen Sie kurz auf und bringen den Hund danach wieder in die Ausgangsstellung zurück.
9. Üben Sie zunächst in eine Richtung und erst in der nächsten Trainingseinheit in die andere. Gehen Sie kleinschrittig vor.

OUTDOOR-VARIANTE

Bemerkung:
Für welche Hilfe Sie sich auch entscheiden – am Ende des Übungsaufbaues sollte nur noch Ihre Körperhilfe übrigbleiben. Der Hund soll weder mit Futter noch dem Handtarget zu weit zu Ihnen gezogen werden. Das Gewicht soll auf der Hinterhand bleiben.

Treppe seitlich

Sie können sich für diese Übung eine Etagenstation (treppenähnlicher Aufbau) aufbauen, können aber auch einfach an einer griffigen Treppe trainieren.

EQUIPMENT
IKEA PLUFSIG Gymnastikmatte

SCHWIERIGKEIT
SCHWIERIG

Trainingslevel 2

»TREPPE SEITLICH«

Zielort: Äußere Oberschenkelmuskulatur

Bewegungsebene: Transversalebene

Vorübung: Sidewalk

Benötigte Utensilien: Treppe oder Matte

Schwerpunkt:

Verbesserung Bewegungsausmaß, Koordination/Hinterhandbewusstsein, Muskelaufbau Hinterhand

Trainierte Struktur:

Stabilisiert:

Rumpfmuskulatur

Aktiviert:

Die Kruppenmuskeln (Glutealmuskulatur), zweiköpfiger Oberschenkelmuskel (M. biceps femoris)

Mobilisiert/dehnt:

Die innere Oberschenkelmuskulatur/Adduktoren (werden auch aktiviert)

Einsatzbeispiele:

Zu wenig Körperbewusstsein, allgemeine Kräftigung der Hintergliedmaßen (Muskeldifferenzen), vor allem die äußere Oberschenkelmuskulatur, die Schultermuskulatur und die thorakale Muskelschlinge

Einschränkung:

Hochgradige neurologische Erkrankungen, Verspannungen und Schmerzzustände

OUTDOOR-VARIANTE

Ausführung am Beispiel Treppenhaus

1. Sie frischen das Seitwärtsgehen zunächst ohne Treppe auf und gehen dann mit Ihrem Hund auf die zweite Treppenstufe.
2. Stellen Sie sich frontal zum Hund auf die gleiche Treppenstufe.
3. Nehmen Sie Ihren Hund nun wie beim Sidewalk (S. 180) seitlich mit. Ihr Körper kann als Sichthilfe für den Hund eingesetzt werden und leitet die Bewegung ein.
4. Bestätigen und belohnen Sie, wenn die Hintergliedmaßen die Seitwärtsbewegung vollführt.
5. Wenn eine Stufe gut gelingt, wiederholen Sie diese ein paar Mal. Danach machen Sie eine kleine Pause und versuchen zwei Stufen zu erklimmen.
6. Trainieren Sie in der nächsten Trainingseinheit beide Körperseiten.

BEMERKUNG

Verhindern Sie unbedingt ein Ausrutschen auf der Treppe. Entweder Sie präparieren Ihre Treppe entsprechend oder Sie suchen sich eine griffige Treppe beim Spazierengehen. Für große Rassen, kann die normale Treppenbreite zu schmal sein. In diesem Fall können Sie zum Beispiel aus Matten ein treppenähnliches Konstrukt basteln.

Die Versammlung

Wenn man durch die Wälder oder auch durch die Stadt streift, findet man unzählige Möglichkeiten, diese Übung in den normalen Spaziergang einzubauen und es wird dabei nie langweilig. Vergessen Sie dabei bitte nur nicht, dass diese Übung sehr anstrengend ist und Ihrem Hund viel Balancesinn abverlangt.

EQUIPMENT
Balancekuppel, FitPaws Sports KLIMB™ und Dogstepper

SCHWIERIGKEIT
MITTEL SCHWIERIG

Trainingslevel 1

»DIE VERSAMMLUNG«

Zielort: Ganzer Körper

Bewegungsebene: Sagittalebene

Vorübung: Einparken

Benötigte Utensilien: alle möglichen Erhöhungen von kurz, lang, fest, wenig instabil oder sehr instabil

Schwerpunkt:
Kräftigung Rückenmuskulatur und Balancetraining

Trainierte Struktur:

Aktiviert:
Ganzkörpertraining, Beugerkette

Einsatzbeispiele:
Koordinationsschwierigkeiten (Gleichgewichtssinn), wenig Hinterhandbewusstsein, schwach ausgebildete Rückenmuskulatur, wenig Kraft in der Hinterhand, Patellaluxation (statische Kraftübung)

Einschränkung:
Akute Schmerzzustände, neurologische Ausfallerscheinungen, hochgradige Muskelverspannungen; bei Welpen und Senioren sehr angepasst anwenden

Ausführung Variante 1:
1. Frischen Sie das „Einparken" auf der Plattform auf und fragen dies ein paar Mal ab.
2. Funktioniert dies zu 99 % fehlerfrei, können Sie gleich zum nächsten Schritt übergehen. Ihr Hund sollte diese Übung gut beherrschen und auch konzentriert bei der Sache sein.
3. Sollten Sie dafür die Dogstepper-Teile verwenden, können Sie die Plattform einfach immer weiter verkleinern.
4. Falls Sie keine Dogstepper besitzen, ist das natürlich auch nicht weiter schlimm. Verwenden Sie in Folge einfach Hilfsmittel mit einer immer kleiner werdenden Unterstützungsfläche (zum Beispiel verschieden breite Hocker).

5. Achten Sie bitte darauf, dass Sie den Hund mit Ihrer eigenen Positionierung nicht aus der Balance bringen und nehmen Sie kein Futter in die Hand. Der Hund soll seine Balance ohne große Ablenkung finden und auch halten.
6. Der Hund kann sich anfangs vielleicht noch nicht sehr lange in dieser Position halten. Versuchen Sie aber, die 5 Sekunden zu erreichen. Lösen Sie die Übung kurz auf und wiederholen Sie diese erneut vom Boden aus.
7. Ich nutze für diese Übung einfach mein Wortsignal „Auf", damit der Hund alle vier Füße auf ein Objekt setzt. Für Sie und den Hund wird es am einfachsten sein, Sie nehmen das gleiche Wortsignal wie für das Einparken auf die Plattform.

Ausführung Variante 2:

Sie können für diese Übung auch Halbigelbälle verwenden und diese immer näher zusammenrücken, sodass der Hund sich Stück für Stück immer mehr versammeln muss. Er sollte dazu bereits das Stationieren auf den Halbigelbällen gut kennen. Lesen Sie dazu auch die Übung „Einparken mit Igel" aus dem Koordinationsteil (Seite 120) und „Übungen mit Halbigelbällen" (Seite 139) .

Bemerkung:

Wenn Sie diese Übung draußen durchführen, bedenken Sie bitte den Faktor der Ablenkung. Man kann diese Übungen natürlich auch gezielt einsetzen, um Themen zu bearbeiten. Nur sollten Sie dann einen oder zwei Gänge zurückschalten, um Ihren Hund nicht zu überfordern.

Versammeln dynamisch

Beim dynamischen Versammeln soll der Hund mit den Vorderbeinen über die Cavaletti-Stange steigen, um danach rückwärts zurückzuhüpfen.

Equipment: Cavaletti-Set

Schwierigkeit: MITTEL

Trainingslevel: 2

»VERSAMMELN DYNAMISCH«

Zielort: Hinterhand, Rücken

Bewegungsebene: Sagittalebene

Vorübung: Rückwärtsgehen

Benötigte Utensilien: Cavaletti-Set oder dünner Naturstamm

Schwerpunkt:
Kräftigung und Stabilisierung

Trainierte Struktur:

Stabilisiert:
Ischiocruralmuskulatur und Wadenmuskulatur

Aktiviert:
Schneidermuskel (M. sartorius), zweiköpfiger Oberschenkelmuskel (M. quadriceps femoris), Darmbein-Lenden-Muskel (M. iliopsoas), Lendenmuskel (M. psoas minor), Darmbeinmuskel (M. iliacus), Darmbein-Rippenmuskel (M. iliocostalis), viereckiger Lendenmuskel (M. quadratus lumborum), langer Rücken,- Hals- und Kopfmuskel (M. longissimus) sowie die kleinen Feststeller der Wirbelgelenke

Einsatzbeispiele:
Koordinationsdefizite, zur Kräftigung und Stabilisierung der Rückenmuskulatur sowie deren Gegenspieler, Kräftigung der Hinterbeinmuskulatur, Sporthunde

Einschränkung:
Orthopädische und neurologische Probleme im Allgemeinen

Ausführung:

1. Diese Übung können Sie sehr einfach aufbauen, wenn Ihr Hund das Wortsignal für das Rückwärtsgehen kennt.
2. Führen Sie Ihren Hund langsam mit den Vorderbeinen vor die Cavaletti-Stange und lassen ihn dort zum Stehen kommen.
3. Bei kleineren Hunden können Sie vor dem Hund knien, bei größeren Hunden kann man auch vor dem Hund stehen.
4. Geben Sie Ihrem Hund das Wortsignal und/oder Sichtsignal zum Rückwärtsgehen und warten Sie kurz ab, bis Ihr Hund diese Übung in neuer Ausgangsposition im Kopf sortiert bekommt.
5. Falls Ihr Hund überhaupt keine Idee hat, fragen Sie das Rückwärtsgehen ein paar Mal ohne Stange ab, ehe Sie mit Stange arbeiten.
6. Vermeiden Sie es, auf den Hund direkt zuzugehen, also den Hund mit Ihrem Körper zu schieben. Er sollte möglichst „frei" arbeiten können.
7. Bestätigen und belohnen Sie besonders schöne Rückwärtssprünge und belassen Sie es am Anfang bei zwei bis drei sauberen Ausführungen. Diese Übung ist für den Hund sehr anstrengend.

BEMERKUNG

Wenn Ihr Hund Mühe hat, gerade zu springen, können Sie als seitliche Begrenzung jeweils einen Stuhl neben jede Pylone stellen.

Rückwärtskriechen

Grundsätzlich ist es einfacher, das Vorwärtskriechen aufzubauen. Zudem ist es ein anderer Bewegungsablauf und erfordert mehr Kraft sowie Koordination. Ihr Hund soll sich bei dieser Übung kraftvoll rückwärtsrichten.

Trainingslevel 2

»RÜCKWÄRTSKRIECHEN«

Zielort: Hinterhand, Rückenmuskulatur

Bewegungsebene: Sagittalebene

Vorübung: Nasentarget

Benötigte Utensilien: Gymnastikmatte (zum Beispiel Ikea Plufsig Gymnastikmatte)

EQUIPMENT: IKEA PLUFSIG Gymnastikmatte

SCHWIERIGKEIT: MITTEL

Schwerpunkt:
Kräftigung und Koordination

Trainierte Struktur:

Aktiviert:
Gesamte Hintergliedmaßen mit ihren großen Gelenkbeugern wie Darmbein-Lenden-Muskel (M. iliopsoas), Lendenmuskel (M. psoas minor), Darmbeinmuskel (M. iliacus), Darmbein-Rippenmuskel (M. iliocostalis), viereckiger Lendenmuskel (M. quadratus lumborum), langer Rücken-, Hals- und Kopfmuskel (M. longissimus), sowie stabilisierend die kleinen Feststeller der Wirbelgelenke

Einsatzbeispiele:
Aufbau Sporthunde, zu wenig Hinterhandschub, zu wenig Stabilität und Kraft in der Hinterhand, zu wenig Hinterhandbewusstsein

BEMERKUNG

Falls Ihr Hund die Tendenz hat, schief zu kriechen, können Sie ihm mit einer seitlichen Begrenzung helfen.

Einschränkung:
Schmerzzustände im Rückenbereich, Verspannungen, wenn eine so große Flexion (Beugung der Gliedmaßengelenke) nicht möglich ist (auch nach Umstellungsosteotomien des Knies)

Ausführung:
1. Legen Sie Ihren Hund auf eine weiche, aber stabile Unterlage (zum Beispiel Gymnastikmatte) und bestätigen eine schöne Sphinx-Stellung (gerades Platz) ein paar Mal.
2. Nehmen Sie nun Ihren Targetstab oder alternativ Ihre Futtertube und schieben diese auf das Brustbein zu, mittig und ganz nah am Boden.
3. Sobald sich der hintere Rückenbereich etwas aufwölbt oder der Rumpf schon etwas zurückgezogen wird, feiern Sie ihren Vierbeiner ausgiebig. Das ist der wichtigste Schritt.
4. In den nächsten Trainingsschritten formen Sie die Hinterhandbewegung heraus und achten akribisch auf jede noch so kleine Regung in der Hinterhand, die sie wiederum bestätigen und belohnen.
5. Wenn Ihr Hund gut auf das Wortsignal für das Zurückgehen in aufrechter Position reagiert, können Sie versuchen, dies hier abzurufen. Vielleicht bietet Ihr Hund das Rückwärtskriechen an oder Sie führen ein anderes Wortsignal ein.
6. Ihr Hund kann so keine großen Strecken zurücklegen. Beachten Sie dies beim Training. Diese Übung sollte moderat trainiert werden, da sie sehr anstrengend ist.

10 x Stabilisieren und Kräftigen mit nur zwei Geräten

Trainingslevel 2

»STABILISIEREN UND KRÄFTIGEN«

Benötigte Utensilien: Hocker und TOGU Bosu oder Jumper. Alternativ geht auch ein Donut oder ein Therapiekreisel

Stationieren mit Hocker vorne und Balancekuppel hinten

Core Power

Hund findet selbstständig die Balance

Sitz-Steh-Wechsel

Sitz-Steh-Wechsel

Stationieren mit Balancekuppel vorne und Hocker hinten

Hund findet selbstständig die Balance

Hund hebt im Wechsel selbstständig ein Hinterbein an

Im Wechsel ein Vorderbein anheben lassen

Steh-Verbeugen-Steh

Die Versammlung

BEWEGLICHKEIT UND DEHNUNGSÜBUNGEN

Beweglichkeit

Die Beweglichkeit ist das Zusammenspiel von Nervensystem, Muskeln, Sehnen, Bändern und Gelenken und die wichtigste motorische Grundeigenschaft. Ohne Beweglichkeit (Mobilität) ist keine Flexibilität, Stabilität, Koordination und auch keine Ausdauer möglich. Die Beweglichkeit kommt also an die Spitze unseres Trainingsplanes. Sie entspricht dem Vermögen, alle Gelenke in ihrem optimalen Bewegungsausmaß zu bewegen. Zu Funktionseinschränkungen, also zu einer Unbeweglichkeit, kommt es in erster Linie durch zu wenig Bewegung, Gelenkfehlstellungen und Schonhaltungen. Es wird eine Kette an mechanischen und biochemischen Umbauprozessen im Gelenk in Gang gesetzt, die bis hin zu arthrotischen Veränderungen in einem oder mehreren Gelenken führen kann. Am Ende verliert der Hund an Kraft, Ausdauer, Koordination und eben Beweglichkeit.

Dehnungen

Die verschiedenen Dehnungsarten oder auch Streckungen sind ein Teil des Bewegungstrainings. Der andere Teil wären aktive Mobilisierungsübungen wie Cavaletti-Training, Kreiseln, Schlängeln und weitere. Für das zentrale Nervensystem ist es wenig sinnvoll, einzelne Muskeln isoliert zu dehnen, denn Muskeln arbeiten niemals alleine. Daher sollten auch hierbei möglichst viele Muskelketten und Faszien mit einbezogen werden. Genau genommen werden aber nicht die Muskeln gedehnt, sondern die bindegewebigen Strukturen (Faszien, Sehnen und Bänder).

SPANNEND ZU WISSEN

Die Sportuniversität in Bayreuth konnte feststellen, dass ein intensives Mobilitätstraining einem exzentrischen Krafttraining für den Körper gleichkommt.

Wovon hängt die Dehnfähigkeit/Streckfähigkeit ab?

- Tageszeit und Temperatur
- Alter und Geschlecht
- Körperwahrnehmung
- Gemütszustand/Motivation
- Schmerztoleranz

Was bewirken Dehnungen?

- Können Beweglichkeit und Geschmeidigkeit verbessern
- Schrittlänge vergrößern
- Koordination und Körperwahrnehmung verbessern
- Verspannungen lindern und verhindern
- Verletzungsrisiko minimieren
- Stoffwechsel im Gewebe verbessern

Dehntechniken und Training

Passiv-statisches Dehnen – nach dem Training/Sport (Cool-down)

Sie bringen das entsprechende Körperteil langsam und sanft in die erste Dehnposition und halten die erste Dehnposition circa 10 Sekunden. Gehen Sie dann aus der ersten Dehnposition noch ein Stück weiter in die zweite Dehnposition und halten diese ebenfalls 10 Sekunden. Beim Menschen spricht man von mindestens 30 Sekunden, die gehalten werden sollen. Dies ist aber beim Hund oft schwer umsetzbar.

- *Dehndauer: circa 10 Sekunden andehnen, circa 10-15 Sekunden nachdehnen*
- *Wiederholungszahl 2-3 x*

Aktiv-statisches Dehnen – im Training (gegen Ende)

Bei dieser Dehnvariante kann der Hund selbst aktiv werden (zum Beispiel Hip Stretch, S. 218). Lassen Sie den Hund in die erste Dehnposition gehen und 10 Sekunden halten. Gehen Sie dann nochmal etwas verstärkt in die zweite Dehnposition für weitere 10-15 Sekunden, wenn möglich.

- *Dehndauer: circa 10 Sekunden andehnen, circa 10-15 Sekunden nachdehnen*
- *Wiederholungszahl 2-3 x*

WICHTIG

Im Training können Sie praktischerweise die nachfolgend aufgeführten Übungen mit unterschiedlichen Dehnvarianten belegen, je nach Bedarf.

Aktiv-dynamisches Dehnen – vor dem Training/Sport (Warm-up)

Diese Dehnvariante wird auch als Stretching bezeichnet und könnte beim Hund auch als passiv-dynamisches Dehnen benannt werden, da der Impuls von Ihnen ausgeht.

Mit kleinen rhythmischen Bewegungen gehen wir mit der entsprechenden Gliedmaße in die gewünschte Dehnrichtung.

- *Dehndauer: 10-15 rhythmische Bewegungen*
- *Wiederholungszahl 2 x*

Es gibt beim Menschen noch weitere Dehntechniken, die aber beim Hund nicht umsetzbar sind. Daher werden sie hier nicht näher erläutert.

BEWEGLICHKEIT UND DEHNUNGSÜBUNGEN - PRAXISTEIL

Frontöffner

Der Frontöffner ist für alle Hunde geeignet, die viel Gewicht nach vorne bringen oder viel mit tiefem Kopf gehen. Der Hund soll im Sitz seinen Kopf-Hals-Bereich maximal strecken, ohne dabei die Vordergliedmaßen vom Boden abzuheben.

Trainingslevel 1

»FRONTÖFFNER«

Zielort: Halsmuskulatur und Schulterpartie

Bewegungsebene: Sagittalebene

Vorübung: keine

Benötigte Utensilien: Target oder Futtertube, zum Versammeln einen kleinen Hocker oder Baumstumpf

Schwerpunkt:

Verbesserung Bewegungsausmaß (Rückführung Vordergliedmaße), Entspannung der ganzen Front

Trainierte Struktur:

Stabilisiert und aktiviert:

Im Sitzen hauptsächlich die Feststeller der Wirbelsäule, im Stehen alle stabilisierenden Muskeln der Hintergliedmaßen, Becken, Schultern und Rumpf

Mobilisiert/dehnt:

Kopf-Arm-Muskel (M. brachiocephalicus), Schulter-Halsmuskel (M. omotransversarius), Langer Kopfmuskel (M. longus capitis), Halsbeuger (longus colli), Treppenmuskel (Mm. scaleni)

SCHWIERIGKEIT: LEICHT

EQUIPMENT: FitPaws Sports KLIMB™ und IKEA Hocker

Einsatzbeispiele:

Gesundheitliche Probleme, durch die viel Gewicht auf die Vordergliedmaße gebracht wird, Ellbogengelenksdysplasie, Dysfunktion erste Rippe (Seitenneige zur Gegenseite), Ausgleich Sport (Fährte, Mantrailing, Fußarbeit), Schrittverkürzung der Vorderhand nach hinten

Einschränkung:

Akute Halswirbelsäulenerkrankungen, Instabilität der Halswirbelsäule, angeborene Missbildungen der Halswirbelsäule (zum Beispiel Wobbler-Syndrom)

Ausführung:

1. Der Hund befindet sich in einer geraden Sitzposition.
2. Sie positionieren sich stehend (bei kleinen Hunden auch auf den Knien).
3. Nun darf der Hund ein Nasentarget, Handtarget oder die Futtertube nach oben weg verfolgen. Dabei sollte der Kopf gerade bleiben.
4. Die Zielrichtung ist eine maximale Streckung der Halswirbelsäule nach oben weg.
5. Die Position soll wenn möglich 10-15 Sekunden gehalten und bestätigt werden.

BEMERKUNG

Wenn der Hund viel Fußarbeit macht, kann man über eine Seitenbetonung zur Gegenseite einen Ausgleich schaffen. Es sollte dabei darauf geachtet werden, dass nicht nur der Kopf etwas zur Seite genommen wird, sondern die ganze seitliche Halspartie leicht schräg nach links oben geführt wird (siehe Foto S. 205). Eine weitere Verstärkung erreichen wir durch eine Versammlung, wenn also die Vorderbeine etwas zurückgestellt werden (siehe FotoS. 206).

Von Pad zu Pad Cavaletti

Eine wirklich schöne Übung, die schnell von den Hunden verstanden wird. Hier wird der Hund nur hinten stationiert und mit den Vorderbeinen wird von einem Pad zum nächsten gelaufen (seitlich). Es soll dabei nicht gesprungen werden.

Trainingslevel 1

»VON PAD ZU PAD CAVALETTI«

Zielort: Vorderhand, Schulterbereich

Bewegungsebene: Transversalebene

Vorübung: Stationstarget

Benötigte Utensilien: Eine Plattform oder ein Hinterhandtarget, zwei Balance-Pads sowie ein Cavaletti-Set

SCHWIERIGKEIT: LEICHT

EQUIPMENT: IKEA Hocker, Cavaletti-Set, FitPaws Balance-Disc

Schwerpunkt:

Verbesserung Bewegungsausmaß, Koordination, Kräftigung, Stabilisierung Gelenke

Trainierte Struktur:

Stabilisiert und aktiviert:

Deltamuskel (M. deltoideus) in der Abduktion, Trapezmuskel (M. trapezius) unterstützt die Abduktion, Kopf-Arm-Muskel (M. brachiocephalicus), Rautenmuskel (M. rhomboideus), dreiköpfiger Oberammuskel (M. triceps brachii), der obere und untere Grätenmuskel hauptsächlich stabilisierend sowie die ganze Beinmuskulatur aktivierend

Mobilisiert/dehnt:

Sägemuskel (M. serratus), Brustmuskeln (M. pectorales), großer runder Muskel (M. teres major), aktiviert diese aber auch

Ausführung:

1. Der Hund kennt das Stationieren auf dem Hinterhandtarget oder auf der Plattform.
2. Positionieren Sie sich stehend vor dem Hund.
3. Sie bestätigen zunächst das ruhige Stehen auf dem Target/Plattform.
4. Beide Pads werden nah beieinander vor der Plattform positioniert.
5. Der Hund wird mit beiden Vorderbeinen auf ein Pad geführt und bestätigt.
6. Nun nehmen Sie den Hund mittels Futterhand (mittig positioniert) oder mit der Targethand zur Seite mit.
7. Später kann man zwischen beide Pads eine Cavaletti-Stange einbringen, damit die Vordergliedmaßen mehr angehoben werden müssen.
8. Der Pad-Abstand kann nach und nach vergrößert werden. Bestätigen Sie besonders ausladende Bewegungen.

Einsatzbeispiele:

„Enger Beinstand", Vorhandschwäche, Koordinationsdefizit Vorderhand, zur Mobilisierung der Schulterblattaufhängung und der Rumpfmuskulatur, Bänderschwäche, Vorbereitung Sport (Slalom, Sprünge)

Einschränkung:

Bei orthopädischen Erkrankungen der Vordergliedmaßen flache Targets nutzen und hinten nicht erhöhen, Cavaletti weglassen oder sehr niedrig einstellen

BEMERKUNG

Um die Futterhand oder das Handtarget schnell abzubauen, führe ich von Beginn an meine Körperhilfe mit ein und neige mich immer in die Richtung, in die der Hund gehen soll. Somit habe ich ein „freieres Arbeiten".

Schulterblatt-Move aktiv

Bei dieser Übung geht es darum, eine möglichst große Rotation des Schulterblattes zu erreichen. Daher muss die Gliedmaße vom Hund weit nach vorne geführt werden. Der Hund kann dabei stehen und die Targets liegen auf dem Boden oder etwas erhöht auf einem Hocker. Der Hund kann auch sitzen und Sie halten die Targets etwas erhöht in Ihrer Hand (Seniorenvariante).

Schwerpunkt:
Verbesserung Bewegungsausmaß und Raumgriff der Vordergliedmaßen nach vorne weg

Trainingslevel 2

»SCHULTERBLATT-MOVE AKTIV«

Zielort: Vordergliedmaße, Schulterbereich

Bewegungsebene: Transversalebene

Vorübung: Stationstarget

Benötigte Utensilien: Eine Plattform oder ein Hinterhandtarget, zwei Balance-Pads sowie ein Cavaletti-Set

Trainierte Struktur:

Stabilisiert:
Gegenseite, Hintergliedmaßen, Rumpfmuskulatur

Aktiviert:
Adduktoren wie den tiefen Brustmuskel (M pectoralis profundus), den oberflächlichen Brustmuskel (M. superficiales) und den ventralen gezahnten Muskel (M. serratus ventralis) sowie die Vorführer der Gliedmaßen

Mobilisiert/dehnt:
Breiter Rückenmuskel (M. latissimus dorsi), Trapezmuskel Brustteil (M. trapezius), der Deltamuskel (M. deltoideus) und der Rautenmuskel (M. rhomboideus) lassen sich ebenfalls beeinflussen

Einsatzbeispiele:
Überlastung Vorderhand, Schrittverkürzung, wenig Raumgriff, schwach bemuskelter Brustbereich, steiler Schulterblattstand, Aufbau Sporthunde, mediale Schulterinstabilität mit Absprache des Physiotherapeuten (Vorsicht: keine Abduktion!)

Einschränkung:
Bei Schmerzzuständen der Vordergliedmaßen

Ausführung 1: Pfote geben

1. Ihr Hund sitzt bequem vor Ihnen. Sie können sich entweder auf einen Stuhl davorsetzen oder auf dem Boden knien.
2. Sie fragen im Wechsel das „Pfote geben" ab und bestätigen dies.
3. Positionieren Sie Ihre Hand immer weiter nach vorne weg vom Hund. Gehen Sie kleinschrittig vor, um den Hund nicht aus der Balance zu bringen. Das Gewebe muss sich auch erst nach und nach lockern. Das geht nicht von heute auf morgen.
4. Sie müssen hierfür kein separates Wortsignal einführen, aber Sie können die Positionierungszeit auf zwei Sekunden ausdehnen. Das entspricht eher einer Mobilisierung als einer Dehnung.

Ausführung 2: Stationstarget

1. Hier können Sie zwischen Sitz und Steh variieren. Ihre Position ist aber wieder frontal vor dem Hund.
2. Falls der Hund dazu neigt, gerne seine Position zu verlassen, können Sie eine flache Plattform verwenden.
3. Sie positionieren nun das erste Stationstarget direkt vor dem Bein, das Sie trainieren möchten und fragen das Target einige Male in dieser einfach zu erreichenden Position ab.
4. Nun können Sie das Target immer weiter nach vorne versetzen oder auch auf einer Erhöhung anbieten. Hier können Sie wunderbar variieren.
5. Eine weitere Möglichkeit ist es, zwei bis drei Targets in einem Viertelkreis zur Gegenseite hin aufzubauen und mit einer Pfote Target für Target abzufragen.
6. Falls Sie die Pfoten nicht unterschiedlich benennen und plötzlich ungewollt die andere Pfote auftaucht, können Sie auch mit unterschiedlichen Targetformen arbeiten. Damit kann Ihr Hund rechts und links besser differenzieren.

So nicht! Der Hund dreht die Hinterhand weg.

Bemerkung:
Wenn Sie sich langsam nach vorne Richtung Körpermitte arbeiten, erhöht sich der Mobilisierungseffekt hinter dem Schulterblatt.

Spanischer Schritt

Bei dieser Übung soll der Hund im Gehen die Vorderbeine maximal anheben. Dabei muss parallel mit der Hinterhand ausgeglichen und stärker untergetreten werden (Hund muss sich hinten versammeln). Ein Ganzkörpertraining, bei dem auch wieder die Umstellungsfähigkeit angesprochen wird.

SCHWIERIGKEIT: MITTEL

EQUIPMENT: Fliegenklatsche

Trainingslevel 2

»SPANISCHER SCHRITT«

Zielort: Vorderhand

Bewegungsebene: Sagittalebene

Vorübung: Pfote geben

Benötigte Utensilien: Target (zum Beispiel zwei Fliegenklatschen)

Trainierte Struktur:

Stabilisiert:
Rumpfmuskulatur, Gegenseite Vordergliedmaße, Hinterhand

Aktiviert:
Kopf-Armmuskel (M. brachiocephalicus), Trapezmuskel (M. trapezius), Schulter-Halsmuskel (M. omotransversarius), Sägemuskel (M. serratus ventralis), Brustmuskulatur (Mm. pectorales), oberer Grätenmuskel (M. supraspinatus)

Mobilisiert/dehnt:
Breiter Rückenmuskel (M. latissimus dorsi) sowie die Schultergelenkbeuger

Schwerpunkt:

Mehr Beweglichkeit (Raumgriff), aktive Dehnung, verbesserte Koordination, Kräftigung Hintergliedmaßen

Einsatzbeispiele:

Schrittverkürzung und wenig Raumgriff nach vorne weg, Verkürzung des breiten Rückenmuskels (M. latissimus dorsi), Koordinationsdefizite

Einschränkung:

Akute Schmerzzustände sowie neurologische Erkrankungen mit Einschränkung des Gleichgewichtsinns

Ausführung:

1. Der Hund kann schon im Wechsel die Vorderpfote geben oder kann bewusst die Vorderpfoten auf Targets setzen.
2. Sie stehen oder knien frontal zum Hund.
3. Fragen Sie im Wechsel wie gewohnt das Pfotegeben ab. Dabei sollte der Hund schon stehen und auch im Steh dafür belohnt werden. Wenn sich Ihr Hund dabei immer gerne setzt (aus Gewohnheit), müssen Sie schnell sein und das Futterstück auch nicht zu hoch anbieten (auf Brusthöhe des Hundes).
4. Nun können Sie im Wechsel entweder zwei Fliegenklatschen in der Hand statt Ihrer Handfläche anbieten oder Sie nehmen zwei selbsthaftende Notizzettel, die Sie zunächst in Ihre Handfläche legen.
5. Sie fragen erneut das Pfotegeben ab und sollten dabei eine geringe Fehlerquote haben, ehe Sie zum nächsten Übungsschritt übergehen.
6. Wenn Ihr Hund in der Steh-Position die Targets zuverlässig trifft, können Sie die Fliegenklatschen höher halten. Der Hund sollte sich etwas strecken müssen, um dieses Mal mit seinen Pfoten das Target zu berühren. Hier zählt auch der Weg Richtung Fliegenklatsche. Gehen Sie unbedingt kleinschrittig vor.
7. Wenn Sie selbsthaftende Notizzettel benutzen, halten Sie diese jetzt in erreichbarer Höhe an Ihr Bein. Später kleben Sie diese für einen mittelgroßen bis großen Hund an Ihre Hose (knapp oberhalb Ihres Knies).
8. Der letzte Übungsschritt ist der kniffligste. Sie müssen sich langsam rückwärts bewegen, und zwar so, dass der Hund folgen kann. Es ist ein sehr ungewohnter Bewegungsablauf, der seine Zeit benötigt.
9. Falls die Beine nun nicht mehr so hochgenommen werden, gehen Sie nochmal einen Übungsschritt zurück und feilen Sie an der Höhe. Die ist wichtiger als das Gehen.
10. Zum Schluss können Sie das Wortsignal für diese Übung (zum Beispiel „Paso“) einführen. Dies löst zukünftig das Wortsignal für Pfote geben ab.

BEMERKUNG

Bei kleinen Hunden nehmen Sie statt der Körperhilfe wie zum Beispiel dem Beineanwinkeln am besten eine Fliegenklatsche, die Sie ausreichend tief anbieten können.

Rumpfrotation

Bei dieser Übung soll der Hund seine Vordergliedmaßen seitlich abduzieren (abspreizen) und diese Position kurz halten. Die Brustwirbelsäule lässt nicht viel Bewegung zu, dennoch sollten Sie auch die Rotation in das Training miteinbeziehen, da diese in sehr wenigen Übungen enthalten ist.

»RUMPFROTIATION«

Trainingslevel 2

Zielort: Rumpf und Schulter

Bewegungsebene: Transversalebene

Vorübung: Pfote geben

Benötigte Utensilien: Target (zum Beispiel Fliegenklatsche)

EQUIPMENT: Fliegenklatsche

SCHWIERIGKEIT: MITTEL

Schwerpunkt:

Mehr Beweglichkeit, aktive Dehnung, verbesserte Koordination, Kräftigung Hintergliedmaßen

Trainierte Struktur:

Stabilisiert:

Rumpfmuskulatur, Gegenseite Vordergliedmaße, Hinterhand

Aktiviert:

Deltamuskel (M. deltoideus), Trapezmuskel (M. trapezius), Rautenmuskel (M. rhomboideus), Darmbein-Rippenmuskel (M. iliocostalis), langer Rücken-, Hals- und Kopfmuskel (M. longissimus), vielästiger gefiederter Muskel (Mm. multifidi) und die Dreher (Mm. rotatores)

Mobilisiert/dehnt:

Brustwirbelsäule (Rotation), Sägemuskel (M. serratus ventralis), Brustmuskulatur (M. pectorales), Adduktoren der Vordergliedmaßen

Ausführung:

1. Der Hund kann schon im Wechsel die Vorderpfote geben oder kann bewusst die Vorderpfoten auf Targets setzen.
2. Nehmen Sie nun eine niedere, feste Erhöhung als Stationierungshilfe für die Vorderhand (zum Beispiel Dogstepper), damit Ihr Hund sicher stehen bleibt.
3. Fragen Sie das „Pfote geben" einige Male ab.
4. Positionieren Sie sich nun in Kopfnähe des Hundes an einer Körperseite.
5. Nun soll die Bewegungsrichtung immer mehr in Richtung Seite/oben geformt werden.
6. Gehen Sie dabei bitte kleinschrittig vor und verlangen anfangs nicht zu viel, vor allem, wenn Ihr Hund über längere Zeit bewegungseingeschränkt war.
7. Versuchen Sie im nächsten Übungsschritt, die Position 2 Sekunden lang zu halten.
8. Bestätigen und belohnen Sie besonders gute Ausführungen, wobei die Rotation stärker ist, je höher das Bein angehoben wird.

Einsatzbeispiele:

Engstand der Vordergliedmaßen, Bewegungseinschränkung der Schulter, Verbesserung der Rotation in der Wirbelsäule, Verbesserung Schrittlänge, Ausgleich Sport, Senioren

Einschränkung:

Akute Schmerzzustände sowie neurologische Defizite, instabile Schulter

BEMERKUNG

Verzichten Sie bei dieser Übung auf wackelige Untergründe. Es geht hierbei ausschließlich um Beweglichkeit. Wenn Ihr Hund sich vorne oder hinten zeitgleich ausbalancieren muss, gelingt es ihm nicht, das Bein sehr hoch zu halten.

Hip Stretch

Mit dieser Übung können wir den Hund selbstständig zu einer mehr oder weniger starken Hüftstreckung veranlassen.

»HIP STRETCH«

Trainingslevel 3

Zielort: Hinterhand

Bewegungsebene: Sagittalebene

Vorübung: Pfotentarget Hinterhand/Rückwärtsgehen

Benötigte Utensilien: zum Beispiel Do it yourself-Bausatz (siehe Anleitung S. 221)

SCHWIERIGKEIT: SCHWIERIG

EQUIPMENT: Selbst gebasteltes Trainings-Tool

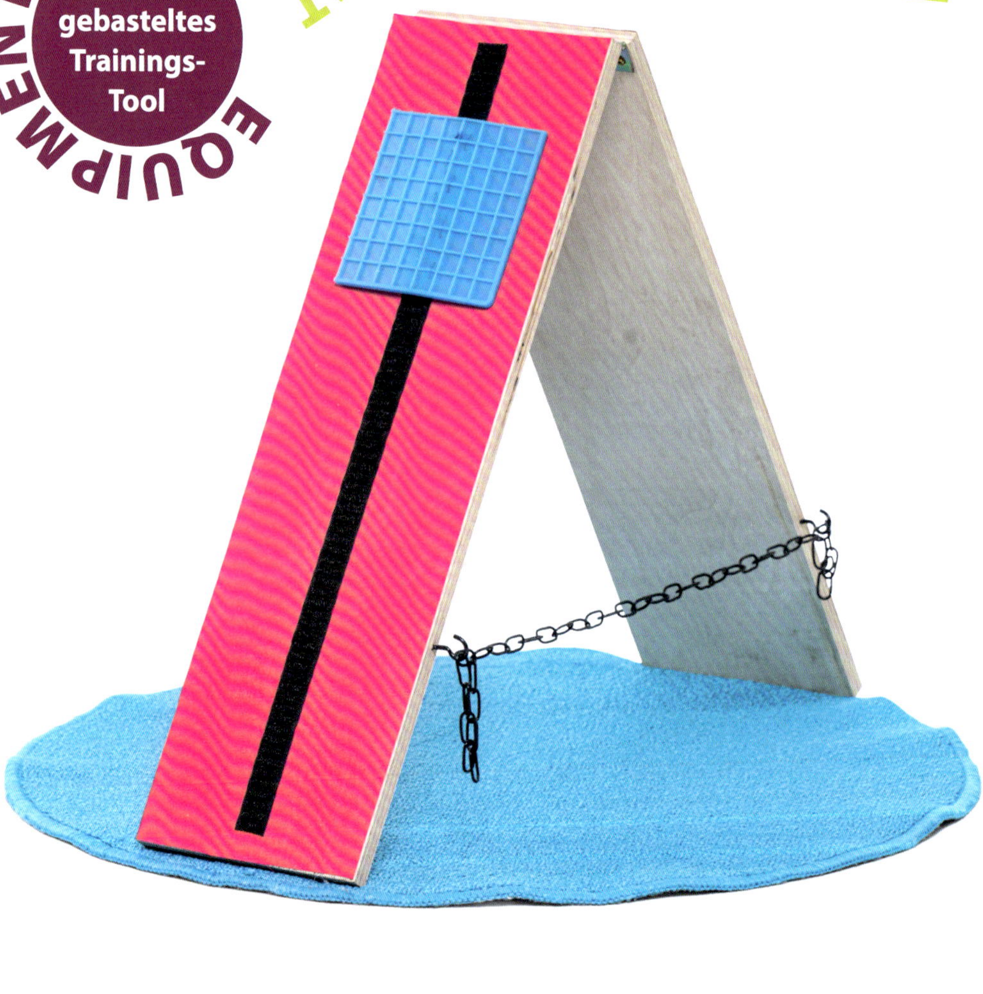

Schwerpunkt:
Mehr Beweglichkeit, Dehnung

Trainierte Struktur:
Die hintere Beugerkette

Stabilisiert:
Viereckiger Lendenmuskel (M. quadratus lumborum) sowie Rumpf und stützende Hintergliedmaßen

Mobilisiert/dehnt bei Hüftstreckung:
Lenden-Darmbeinmuskel (M. iliopsoas), vierköpfiger Kniegelenkstrecker (M. quadriceps femoris)

Aktiviert:
Kruppenmuskeln (Glutealmuskulatur), die Ischiocruralmuskulatur und die Wadenmuskulatur (M. gastrocnemius)

Einsatzbeispiele:
Verkürzte Frontallinie (aufgekrümmte Haltung), Hüftgelenksdysplasie, Kniepatienten (chronisch), einseitige Verspannung der Rückenmuskulatur mit einhergehender Schrittverkürzung, LSÜ-Twist (Twist-Seite), Passgänger, gebundener Gang

Einschränkung:
Akute Schmerzzustände in den Hintergliedmaßen sowie Cauda equina Kompressions-Syndrom (wegen der Hyperextension im lumbosakralen Übergang) und Instabilitäten der Wirbelsäule

Ausführung:

1. Der Hund sollte das sichere Platzieren der Hinterpfote auf einem beliebigen Hinterhandtarget kennen.
2. Sie legen das Trainingstool zunächst auf den Boden und knien sich mit Abstand frontal zum Hund. Lassen Sie ihn das Target mehrfach rückwärts anlaufen und bestätigen Sie sehr schnell nur noch das Stationieren auf dem Target
3. Wenn mindestens 80 % der Durchgänge fehlerfrei gelingen, können Sie langsam die Steigung und später auch das Target (mit Klettband) erhöhen, damit sich der Hund nach und nach immer mehr strecken muss.
4. Lassen Sie sich Zeit mit dem Aufbau, die einzelnen Übungsschritte können gut mehrere Wochen in Anspruch nehmen.
5. Auch wenn Sie nur eine Seite trainieren müssen, ist es ratsam, recht rasch die andere Seite miteinzubeziehen, sonst bringt der Hund die Übung womöglich nur mit einem Bein in Verbindung.
6. Sie können die Hinterpfoten einzeln benennen (zum Beispiel „Gib" und „Huf") und zur exakteren Unterscheidung mit dem Finger auf die entsprechende Gliedmaße zeigen, die benutzt werden soll. Eine zusätzliche Hilfe ist das Hinschauen auf das zu trainierende Hinterbein. Das macht man aber meist automatisch, um eine Kontrolle zu haben.

Bemerkung:
Der Hund sollte dabei nicht aus dem Gleichgewicht kommen. Daher nur mit einem ausgeruhten Hund trainieren (neuromuskuläre Ermüdung). Hunde mit Femurkopfhalsresektionen oder Umstellungsosteotomien haben durch die veränderte Biomechanik und die mangelnde propriozeptive Empfindung unter Umständen mehr Mühe mit dem Aufbau.

Trainingstool für Hip-Stretch selbst basteln

Das benötigen Sie:
- *2 schmale Bretter*
- *2 kleine Scharniere*
- *1 Gliederkette*
- *2 Schraubhaken (rund)*
- *Klebefolie*
- *selbstklebendes Klettband*
- *Target*

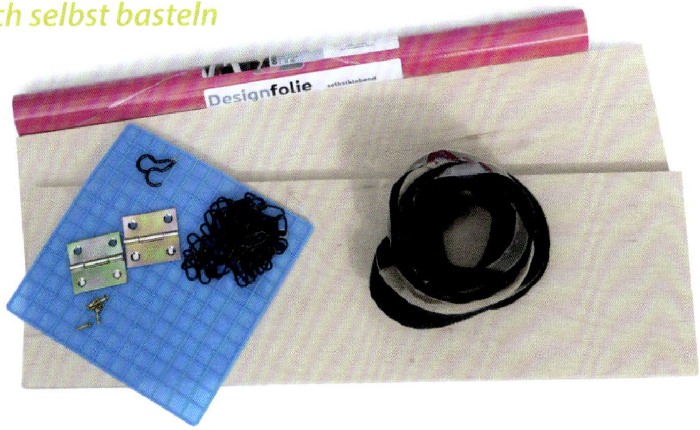

1. Sie benötigen zwei gleich lange Bretter, die ungefähr die Länge der Kruppe Ihres Hundes haben sollten. Bei größeren Hunden empfiehlt es sich, breitere Bretter zu wählen. Das gewährleistet einen besseren Stand.
2. Verbinden Sie an der jeweils kurzen Seite die Bretter mit zwei kleinen Scharnieren.
3. Belassen Sie die Bretter in „natur" oder bekleben Sie diese mit einer Klebefolie.
4. Kleben Sie nun einen Klettbandstreifen der Lange nach auf die Außenseite des Brettes. Später können Sie dadurch ganz leicht die Höhe des Targets variieren.
5. Bekleben Sie auch das Target mit Klettband.
6. Drehen Sie die zwei Schraubhaken jeweils in das untere Drittel in je ein Brett, um die Kette befestigen zu können.
7. Kleben Sie nun das Target auf die entsprechende Höhe für Ihren Aufbau.

Plank gebeugt

Bei dieser Übung soll der Hund möglichst ein paar Sekunden ruhig mit flektiertem Rücken (gebeugt) in Position verweilen.

»PLANK GEBEUGT«

Trainingslevel 2

Zielort: Hinterhand

Bewegungsebene: Sagittalebene

Vorübung: Stationstarget

Benötigte Utensilien: Hinterhandtarget, je nach Trainingsvariante eine Futtertube, Handtarget oder Nasentarget

SCHWIERIGKEIT: LEICHT MITTEL

EQUIPMENT: Zwei Bodentargets

Schwerpunkt:
Mobilisierung der Wirbelsäule, Dehnung, Beweglichkeit

Trainierte Struktur:

Stabilisiert:
Thorakale Muskelschlinge und die Muskeln der Hintergliedmaßen

Mobilisiert/dehnt:
Die langen Rückenmuskeln (M. longissimus und M. iliocostalis), die Rückenfaszien

Aktiviert:
Kopf-Arm-Muskel (M. brachiocephalicus), Schulter-Halsmuskel (M. omotransversarius), langer Kopfmuskel (M. longus capitis), Halsbeuger (M. longus colli), Treppenmuskel (Mm. scaleni), viereckiger Lendenmuskel (M. quadratus lumborum), der Lenden-Darmbeinmuskel (M. iliopsoas), die Bauchmuskulatur, die Muskeln der Vordergliedmaßen isometrisch, Schulterstabilisatoren

Einsatzbeispiele:
Bewegungseinschränkung der Wirbelsäule und des oberen Schulterblattbereichs, Verspannungen der Rückenmuskulatur, Ausgleichsübung für Fußarbeit

Einschränkung:
Akute Schmerzzustände

Ausführung:
1. Der Hund hat schon gelernt, ruhig auf einer Plattform zu stehen oder sich auf einem Hinterhandtarget zu stationieren (beide Varianten sind möglich).
2. Sie bestätigen mehrmals das ruhige Stehen.
3. Parallel frischen Sie nochmals das Nasentarget auf.
4. Verbinden Sie nun beide Übungen.
5. Unsere Targethand wandert immer weiter bodenwärts.
6. Dehnen Sie die Zeit aus (10-15 Sekunden).
7. Diese Übung ruhig bestätigen und beenden.

BEMERKUNG

Als Schnellvariante kann man natürlich auch die Futtertube als Lockmittel wählen. Allerdings hat man nie so viel Ruhe in der Übung, wie beim Stationieren am Target. Außerdem ist der Dehnungseffekt nicht so optimal.

Ventral-Strecker

Diese Übung erfordert viel Ruhe und Geduld vom Hund und auch Ihnen, aber Sie können viel damit erreichen. Der Hund soll hinten versetzt stationiert stehen und zusätzlich vorne noch ein Bein anheben (passiv).

EQUIPMENT: Bodentarget und TOGU Balance Block (grau)

SCHWIERIGKEIT: MITTEL

Schwerpunkt:

Dehnung, Beweglichkeit

Trainierte Struktur:

Stabilisiert:

Muskeln der Hintergliedmaßen und der stützenden Vordergliedmaßen

Mobilisiert/dehnt:

Auf trainierter Seite Darmbein-Lendenmuskel (M. iliopsoas), breiter Rückenmuskel (M. latissimus dorsi), Darmbein-Rippenmuskel (M. iliocostalis), langer Rücken-, Hals- und Kopfmuskel (M. longissimus)

Aktiviert:

Auf der Gegenseite Darmbein-Lendenmuskel (M. iliopsoas), Darmbein-Rippenmuskel (M. iliocostalis), langer Rücken-, Hals- und Kopfmuskel (M. longissimus)

»VENTAL-STRECKER«

Trainingslevel 1

Zielort: Beugerkette/Hüftbeuger

Bewegungsebene: Sagittalebene

Vorübung: Stationstarget

Benötigte Utensilien: Vorderhandtarget, Hinterhandtarget, je nach Trainingsvariante eine Futtertube oder Folgetarget

Einsatzbeispiele:

Schrittverkürzung der Hintergliedmaßen durch verschiedene Ursachen wie HD, Knieverletzungen und so weiter. Segmentalreflektorische Bauchdeckenspannung durch schwache Rückenmuskulatur, Schrittverkürzung der Vordergliedmaßen, Ausgleichsübung für Fußarbeit, Hunde, die viel Vorwärtsbewegung aus der Lendenwirbelsäule erzeugen (Passgänger, LSÜ-Twist)

WICHTIG

Da die Muskelketten und Faszien der Ventrallinie, vor allem aber der Darmbein-Lendenmuskel oft bei Rückenbeschwerden „zu" macht, ist es wichtig, auf der anderen Seite den Rücken zu stärken. Bei Auffälligkeiten bitte immer vorher den Physiotherapeuten konsultieren

Einschränkung:

Akute Schmerzzustände und Entzündungen, Instabilität der Wirbelsäule, bei Spondylosen angepasst, da meist eine chronische Reizung des Ventralbandes der Wirbelsäule vorliegt

Ausführung:

1. Der Hund kennt schon das Stationieren auf einem Target (vorne und hinten).
2. Sie stellen ein Hinterhandtarget (zum Beispiel Stepper) und ein leicht erhöhtes Vorderhandtarget (zum Beispiel Hocker) mit Abstand zueinander auf. Der Hund soll noch bequem darauf stehen können.
3. Führen Sie den Hund mit dem Folgetarget oder mit Futter auf die Station.
4. Sie stehen frontal zum Hund.
5. Bestätigen und belohnen Sie zunächst das ruhige Stehen auf der Station und lassen Sie den Hund dann kurz pausieren, um das Hinterhandtarget leicht schräg zu stellen. Die Seite, die Sie trainieren möchten, steht etwas nach hinten versetzt.
6. Sie lassen Ihren Hund erneut die Station aufsuchen und bestätigen und belohnen das ruhige Stehen.
7. Nun nehmen Sie mit Ankündigung vorsichtig das Bein auf, das sich auf der gleichen Seite wie das zurückgestellte Bein befindet.
8. Legen Sie das Vorderbein auf Ihrem Arm ab, indem Sie es von unten hinter dem Ellbogen greifen.
9. Führen Sie das Bein langsam in Ihre Richtung. Dabei sollte der Hund weder aus dem Gleichgewicht kommen noch das Vorderbein zurückziehen.
10. Gehen Sie behutsam und langsam in die Dehnung und achten Sie darauf, dass der Hund sich wohlfühlt.
11. Halten Sie die Position mindestens 10 Sekunden.
12. Verstärken Sie die Dehnung mit dem Bein wenn möglich noch ein kleines Stück und halten Sie die Position nochmals circa 10-15 Sekunden.

BEMERKUNG

Sie können für die Hinterpfoten auch zwei Halbigelbälle nutzen, diese lassen sich sehr gut getrennt versetzen.

Kombinationskreisel mit Schwerpunkt Transversalebene

Stationen	Equipment	Ablauf
Seitwärts über Airex und Igel	*zum Beispiel Airex Balance Beam oder Baumstamm Halbigelbälle*	*Erst werden die Igel mit der Vorderhand überlaufen, Airex Balance Beam mit der Hinterhand, dann tauschen. Jeweils beide Richtungen trainieren.*
Seitwärts über Plattformen	*2 Tische (zum Beispiel KLIMB™) 1 Cavaletti-Set*	*Seitwärts von Plattform zu Plattform. Jeweils 2x in beide Richtungen.*
2 Schrägbretter seitlich anlaufen dazwischen 2 Cavaletti-Stangen	*2 Schrägbretter (zum Beispiel KLIMB™) 2 Cavalettistangen*	*Jeweils aus beiden Richtungen seitlich über die Cavaletti-Stangen gehen lassen, dann jeweils aus beiden Richtungen am Schrägbrett stationieren lassen.*
Pivot up & down	*1 Balance-Pad 1 Hinterhandtarget*	*Jeweils in beide Richtungen trainieren.*

Beispiel für eine Übungseinheit mit dem Schwerpunkt „Hinterhand"		
Übung	**Hauptbeanspruchungs-form**	**Bewegungsebene**
Cavaletti (hoch)	*Beweglichkeit ++ Koordination ++ Kraft ++*	*Sagittalebene*
Rückwärtsgehen	*Koordination +++ Beweglichkeit + Kraft +*	*Sagittalebene*
Enger Kreisel wackelig	*Kraft ++ Koordination +++ Beweglichkeit +*	*Dorsalebene*
Seitwärtsgehen	*Koordination +++ Beweglichkeit +*	*Transversalebene*

20 Übungen mit einem Baumstamm

Stationen	Schwerpunkt	Ablauf
1. Vorwärts gehen	*Koordination*	
2. Rückwärts gehen	*Koordination*	
3. Steh-Sitz-Steh Koordination		
4. Platz	*Koordination*	

Stationen	*Schwerpunkt*	*Ablauf*
5. Beine anheben im Sitzen	*Koordination*	
6. Beine anheben im Stehen	*Koordination*	
7. Kreiseln	*Beweglichkeit*	
8. Verbeugen	*Koordination/Beweglichkeit*	

Stationen	*Schwerpunkt*	*Ablauf*
9. Versammeln	*Kräftigung/Balance*	
10. Core Power	*Kräftigung/Stabilität*	
11. Rücken lang machen (hinten erhöht)	*Dehnung*	
12. Steh (vorne erhöht)	*Kräftigung*	

Stationen	*Schwerpunkt*	*Ablauf*
13. Sitz-Steh Wechsel (vorne erhöht)		
14. Rückwärts auf einen Baumstamm hüpfen	*Kräftigung/Koordination*	
15. Rückwärts gehen / Baumstamm erklimmen	*Kräftigung/Koordination*	
16. Seitwärts gehen (vorne erhöht)	*Beweglichkeit*	

Stationen	Schwerpunkt	Ablauf
17. Seiten-biegung	*Beweglichkeit*	
18. Gewichts-verlagerung (vorne erhöht)	*Stabilisierung*	
19. Gewichts-verlagerung (hinten erhöht)	*Stabilisierung*	
20. Seitlich stationieren	*Koordination*	

Beispiel Arbeitsplatz 1:

- *Station in der Mitte*
- *Seite 1: Schrägbrett an KLIMB™/Tisch › Platz-Steh-Wechsel*
- *Seite 2: Fitbone › jeweils im Wechsel ein Bein anheben lassen*
- *Seite 3: Zwei Balance-Pads mit einem Cavaletti dazwischen › Von Pad zu Pad Cavaletti*
- *Seite 4: Große Balancescheibe › Front Jump & Back*

Beispiel Arbeitsplatz 2:

- *Station in der Mitte*
- *Seite 1: Zwei Cavaletti › Side-Walk*
- *Seite 2: Vier Halbigelbälle o.ä. › Sidewalk*
- *Seite 3: Schrägbrett mit Balance-Pad › Kreiseln*
- *Seite 4: Stepper › Sitz-Steh-Wechsel*

ÜBUNGEN FÜR SPORTHUNDE

Grundübungen

Dies sind Übungen, die sich für Sporthunde bewährt haben. Sie beinhalten hauptsächlich stabilisierende und kräftigende Elemente und sollten mit Übungen aus dem Kapitel Koordination, Beweglichkeit und Dehnungsübungen kombiniert werden.

Pfoten-Pull

Beim Pfoten-Pull soll die Pfote, die trainiert werden soll, die dargebotene Hantel oder wahlweise den Tannenzapfen umschließen und je nach Einsatz auch etwas herangezogen werden.

Schwerpunkt:

Kräftigung, Stabilisierung, Anregung (neuronal)

Trainierte Struktur:

Zehenbeuger/Flexoren, Pfotenballen (taktiler Reiz), gesamte Muskulatur der Vordergliedmaßen

Einsatzbeispiele:

Sport, Warm-up (Agility, Trümmersuche, Windhunderennen), Bänderschwäche der Zehengelenke, Durchtrittigkeit, neurologische Defizite, allgemeine Kräftigung des Oberarmes beim Heranziehen

Einschränkung:

Orthopädische Erkrankungen der Vordergliedmaßen mit Schmerzgeschehen (vor allem Zehenarthrosen)

Trainingslevel 1

»PFOTEN-PULL«

Zielort: Zehenbeuger

Bewegungsebene: Sagittalebene

Vorübung: Pfote geben

Benötigte Utensilien: kleine Hantel (zum Beispiel Togu Brasil Handtrainer) oder einen Tannenzapfen

TIPP

Um beim Hund eine Idee zu kreieren, kann man auch statt der Hantel zunächst einen Futterbrocken in der geschlossenen Hand anbieten, um die Pfotenbewegung etwas herauszukitzeln. Wenn nur die Schnauze kommt, Faust einfach etwas hin und her bewegen, um den Beutetrieb anzusprechen, dann wieder statisch verharren.

Ausführung Variante 1:

1. Positionieren Sie sich vor den sitzenden Hund.
2. Mehrmals das Pfotegeben abfragen und bestätigen.
3. Die Hantel oder den Tannenzapfen in die Hand nehmen und nochmals das Pfotegeben abfragen und bestätigen.
4. Die Höhe sowie die Streckung des Beines an das Target (Tannenzapfen/Hantel) hängen vom Können des Hundes ab und können langsam über mehrere Trainingseinheiten gesteigert werden.

Ausführung Variante 2:

1. Sie positionieren sich wieder frontal zum Hund.
2. Nehmen Sie die Hantel fest umschlossen in die Hand, machen es spannend mit einem „Ui, wo ist es?" und verweilen bodennah mit der Hand.
3. Jegliche Aktivität in Richtung Hand (außer es kommt die Schnauze) wird bestätigt.
4. Es gibt Hunde, die zunächst nur die Pfote anheben, andere kratzen schnell an der Hand, je nach Hundetyp.

TIPP

Wenn das Heranziehen gewünscht ist, ist es ratsam, ein anderes Wortsignal einzuführen (zum Beispiel "Pull"), da es später beim Pfotegeben zu Vermischungen der Übungen kommen kann.

OUTDOOR-VARIANTE

Criss-Cross

Diese Übung ist interessant für den Sporthundebereich und Hunde, die in der Front eher schmächtig gebaut sind. Ihr Hund soll im Platz selbstständig seine Beine überkreuzen.

Schwerpunkt:

Kräftigung und Stabilisierung

Trainierte Struktur:

Stabilisiert:

Becken, Hinterhand (in Sphinxstellung)

Aktiviert:

Schulterstabilisatoren wie den Unterschulterblattmuskel (M. subscapularis), Adduktoren wie den tiefen Brustmuskel (M. pectoralis profundus) und der oberflächliche Brustmuskel (M. superficiales) sowie den ventralen gezahnten Muskel (M. serratus ventralis)

Mobilisiert/dehnt:

Breiter Rückenmuskel (M. latissimus dorsi), Trapezmuskel Brustteil (M. trapezius) und den Deltamuskel (M. deltoideus)

SCHWIERIGKEIT

MITTEL

Trainingslevel 2

»CRISS-CROSS«

Zielort: Vordergliedmaßen

Bewegungsebene: Transversalebene

Vorübung: Pfote geben/eine Pfote an Target

Benötigte Utensilien: Decke, 2 kleine unterschiedliche Targets (zum Beispiel Glasuntersetzer)

Einsatzbeispiele:

Schwach bemuskelter Brustbereich, steiler Schulterblattstand, Aufbau Sporthunde, Erhaltung und Wiedererlangung des Trainingszustandes von Agilityhunden, spezielles Warm-up, mediale Schulterinstabilität mit Absprache des Physiotherapeuten (Vorsicht: keine Abduktion!)

Einschränkung:

Akute Schmerzzustände und Verletzungen im Rücken und am Ellbogen sowie Schulterbereich

Ausführung:

1. Der Hund liegt in Sphinxstellung auf einer Matte oder Decke vor Ihnen. Sie sitzen anfangs auf dem Boden.
2. Fragen Sie ein paar Mal das Pfotegeben mit Target in der Hand ab und bestätigen dies.
3. Trainieren Sie zunächst nur eine Seite, um den Ablauf zu festigen.
4. Nun versetzen Sie das Target langsam Richtung Gegenseite, dabei soll der Hund die Spannung in der Gliedmaße halten (nicht das Bein ablegen lassen).
5. Versuchen Sie einen zügigen Ablauf erst auf der einen Seite, später auch im Wechsel mit der anderen Seite zu etablieren. Nehmen Sie zwei unterschiedliche Targets für rechts und links, dann kommt Ihr Hund nicht durcheinander (mit Permanentstift beschriften).
6. Wenn der Hund diesen Bewegungsablauf zuverlässig zeigt, können Sie die Übung unter Wortsignal setzen (zum Beispiel „Criss" für links und „Cross" für rechts). Sie können zusätzlich oder stattdessen ein Körpersignal einführen (Beine oder Arme überkreuzen).

Front Jump & Back

Beim Front Jump soll der Hund aus der Sitzposition oder Stehposition (schräge Plattform) mit den Vorderbeinen auf ein Target springen. Der Höhenunterschied der Plattform zum Boden/Target sollte in etwa zwischen Karpalgelenk und Ellbogengelenk liegen. Diese Übung fördert ein besseres Zusammenspiel von Nerven und Muskeln, unabdingbar für den Sport.

Schwerpunkt:

Kräftigung und Stabilisierung

Trainierte Struktur:

Stabilisiert:

Rumpfmuskulatur

Aktiviert:

Thorakale Muskelschlinge, die Extensoren der Vordergliedmaßen, gesamte Hinterhand, Gelenkknorpel durch Belastung/Entlastung, das neuromuskuläre Zusammenspiel der Vordergliedmaßen

Einsatzbeispiele:

Hunde mit zu wenig Stabilität in der Vorderhand, Muskelaufbau von Brustmuskulatur und Stabilisatoren der Schulter, unterstützend zum Sprungtraining

Einschränkung:

Orthopädische Probleme im Allgemeinen, Instabilität der vorderen Gliedmaßengelenke

Ausführung:

1. Der Hund befindet sich zunächst in Stehposition.
2. Stellen Sie sich vor den Hund. Dieser sollte genug Raum haben, um nach vorne wegzuspringen. Er sollte nicht durch Ihren Körper gebremst werden.
3. Sie bauen etwas Spannung auf. Dazu können Sie ein Handsignal oder ein gesprochenes „Aufpassen" einsetzen.
4. Für ein impulsives Wegspringen nach vorn benötigen die meisten Hunde ein gutes Argument. Hierzu eignet sich eine wirklich tolle Belohnung oder ein Nasentarget, der ebenso erfolgsversprechend wirkt.
5. Sie lassen den Hund auf Wortsignal nach vorne wegspringen und bestätigen das gleichmäßige Abspringen und Landen auf beiden Pfoten.

Trainingslevel 2

»FRONT JUMP & BACK«

Zielort: Vordergliedmaßen und Rumpf

Bewegungsebene: Sagittalebene

Vorübung: keine

Benötigte Utensilien: Schrägbrett oder erhöhte Plattform und eine flache, stabile Matte

6. Wenn der Hund so gar nicht hüpfen mag, können Sie als kleine Hilfe auch eine Cavaletti-Stange zwischen den Stationen einbauen. (siehe Abbildung 2)

SCHWIERIGKEIT

MITTEL

EQUIPMENT

FitPaws Sports KLIMB™

Back Jump

Front Jump

BEMERKUNG

Um ein Umknicken in der Vorderhand bei der Landung zu vermeiden, sollten wir auf kleine Targets (Halbigelbälle) verzichten. Das stellt ein zu großes Verletzungsrisiko dar!

Front Jump seitlich

Beim Front Jump seitlich haben wir eine schöne dreidimensionale Übung, die nicht nur für Sporthunde empfehlenswert ist. Ihr Hund soll aus der Sitzposition auf ein Target hüpfen, dann von einer Seite auf die andere Seite hüpfen und wieder zurück in die Sitzposition. Viele Gerätevarianten sind möglich und auch die Höhe können Sie nach Bedarf verändern.

»FRONT-JUMP SEITLICH«

Trainingslevel 2

Zielort: Vordergliedmaßen und Rumpf

Bewegungsebene: Sagittalebene

Vorübung: keine

Benötigte Utensilien: Schrägbrett oder erhöhte Plattform und eine flache, stabile Matte

Schwerpunkt:

Kräftigung und Stabilisierung des ganzen vorderen Bereiches

EQUIPMENT
FitPaws Sports KLIMB™, IKEA PLUFSIG Gymnastikmatte

SCHWIERIGKEIT
MITTEL

Trainierte Struktur:

Stabilisiert:
Gesamte Hinterhand, Rumpfmuskulatur

Aktiviert:
Darmbein-Rippenmuskel (M. iliocostalis), langer Rücken-, Hals- und Kopfmuskel (M. longissimus), vielästiger gefiederter Muskel (Mm. multifidi), die Dreher (M. rotatores), die thorakale Muskelschlinge, die Stabilisatoren der Schulter, die Muskulatur der Vordergliedmaßen, vor allem der Extensoren, Gelenkknorpel durch Belastung/Entlastung und das neuromuskuläre Zusammenspiel

Einsatzbeispiele:
Hunde mit zu wenig Stabilität in der Vorderhand, Muskelaufbau von Brustmuskulatur und Stabilisatoren der Schulter, unterstützend zum Sprungtraining und Slalomtraining

Einschränkung:
Orthopädische Probleme im Allgemeinen, Instabilität der vorderen Gliedmaßengelenke

Ausführung:
1. Nachdem der Hund den Front Jump (siehe S. 240) schon beherrscht, fällt ihm das Springen auf die schrägen Objekte/Plattformen nicht mehr schwer.
2. Sie befinden sich hier auch wieder frontal zum Hund und fragen zwei bis drei Mal den Front-Jump auf der einen, dann auf der anderen Seite ab, bestätigen dies und belohnen den Hund dafür.
3. Nun lassen Sie den Hund in der Stehposition auf einem Frontobjekt und ermuntern ihn, mit vorheriger Vorspannung mit den Vorderbeinen auf die andere Seite zu hüpfen.
4. Es ist völlig in Ordnung, wenn Ihr Hund die ersten Male nicht hüpft, sondern läuft. Er muss auch erstmal ein Gefühl für den Untergrund entwickeln.
5. Falls Sie überhaupt keinen Hüpfer bestätigen können, hilft es auch manchmal, wenn Sie eine Cavaletti-Stange dazwischenstellen. Wenn Sie aber schon die Übung von Pad zu Pad Cavaletti geübt haben, müssen Sie auf eine Vermischung der Übungen achtgeben.
6. Bestätigen und belohnen Sie die impulsiven Ausführungen besonders fürstlich und führen Sie Ihr Wortsignal ein (zum Beispiel „Hepp").

BEMERKUNG

Um ein Umknicken in der Vorderhand bei der Landung zu vermeiden, sollten Sie wie auch beim Front-Jump auf kleine Targets (Halbigelbälle) verzichten. Diese stellen ein zu großes Verletzungsrisiko dar.

Core Power Balance

Definitiv eine Profiübung, die nicht unterschätzt werden sollte. Der Hund hat einen oder zwei instabile Stützpunkte zum Ausbalancieren. Dadurch ist es sehr anstrengend, das Gleichgewicht zu halten. Als Steigerung können noch die Hinterbeine einzeln angehoben werden.

EQUIPMENT: Balancekuppel und IKEA Hocker

SCHWIERIGKEIT: MITTEL SCHWIERIG

Schwerpunkt:

Kräftigung, Balance und Stabilisierung des ganzen vorderen Bereiches

Trainierte Struktur:

Stabilisiert:

Rumpfmuskulatur, gesamte Hinterhand

Aktiviert:

Gesamte Vorderhand (Stemmkraft). An dieser Stelle möchte ich die Muskeln erwähnen, die den Großteil der Stemmphase abdecken und an der Brustkorbaufhängung beteiligt sind: Tiefer Brustmuskel (M. pectoralis profundus), ventraler gezahnter Muskel (M. serratus ventralis), Rautenmuskel (M. rhomboideus), Deltamuskel (M. deltoideus), dreiköpfiger Oberarmmuskel (M. triceps brachii), die Oberarmmuskeln (M. biceps brachii und M. brachialis) sowie der obere und untere Grätenmuskel.

Einsatzbeispiele:

Hunde mit zu wenig Stabilität in der Vorderhand, Muskelaufbau von Brustmuskulatur und Stabilisatoren der Schulter, unterstützend zum Sprungtraining

Einschränkung:

Orthopädische Probleme im Allgemeinen und Verspannungen im Schulterbereich sowie im Rücken

»CORE POWER BALANCE«

Trainingslevel 2

Zielort: Schulter, Rumpf

Bewegungsebene: Sagittalebene

Vorübung: Stationstarget

Benötigte Utensilien: Verschiedene Varianten möglich

Ausführung:

1. Selbst wenn der Hund in einem guten Trainingszustand ist, geben Sie ihm die Möglichkeit, sich langsam an diese Übung zu gewöhnen.
2. Nehmen Sie zunächst für die Hinterbeine eine feste Plattform (zum Beispiel Stepper/Ikeamatte) und für vorne zwei etwas niedriger platzierte Balance-Pads.
3. Wenn der Hund schon gut geübt im Stationieren auf verschieden Gegenständen ist, darf er gleich seine Position aufsuchen. Ansonsten leisten Sie mit dem Folgetarget Unterstützung.
4. Findet Ihr Hund schnell seine Balance und kommt ruhig zum Stehen, lösen Sie diese Übung ruhig auf und geben Ihrem Hund eine kleine Pause auf der Ruhestation.
5. Im nächsten Übungsschritt oder auch erst in der nächsten Trainingseinheit können Sie die Balance-Pads gegen ein Balanceboard eintauschen und somit den Schwierigkeitsgrad über mehr Instabilität der Unterstützungsfläche erhöhen.
6. Falls Sie später weiter variieren möchten, können Sie für die Hinterbeine statt einem festen Untergrund einen kleinen, gesicherten Peanutball nehmen oder Sie lassen noch ein Hinterbein selbstständig anheben. Das macht Ihr Hund nur, wenn er es auch wirklich kann. Verzichten Sie daher bitte auf das passive Anheben durch Ihr Zutun.

BEMERKUNG

Stehen Sie nicht zu nah am Hund. Bei kleineren Hunden gehen Sie am besten in die Hocke. Während der Übung brauchen Sie kein Futter, das würde zu stark ablenken. Die Übung wird ruhig und kontrolliert beendet.

Core Power seitlich

Dies ist auch wieder eine mehrdimensionale Übung aus der Profiliga, bei der der Hund schon über eine gute Körperbalance verfügen sollte. Hierbei wird nicht nur die Front gekräftigt, sondern gleichzeitig auch noch der Rücken sowie die Hinterhand. Der Hund muss sich mit der Hinterhand am Peanutball ausbalancieren und gleichzeitig sollen die Vorderbeine von Plattform zu Plattform wechseln.

Trainingslevel 2

»CORE POWER SEITLICH«

Zielort: Schulter, Rumpf, Becken

Bewegungsebene: Transversalebene

Vorübung: Stationstarget

Benötigte Utensilien: zum Beispiel zwei Stepper und ein gesicherter Peanutball

EQUIPMENT

IKEA Plufsig Gymnastikmatte und, FitPaws TraxPeanut

SCHWIERIGKEIT

MITTEL SCHWIERIG

Schwerpunkt:
Kräftigung und Stabilisierung

Trainierte Struktur:
Stabilisiert Rückenmuskulatur, Bauchmuskulatur, Becken (ausgleichend) und Hintergliedmaßen

Aktiviert:
Deltamuskel (M. deltoideus) in der Abduktion, Trapezmuskel (M. trapazius) unterstützt die Abduktion, Rautenmuskel (M. rhomboideus), der obere und untere Grätenmuskel hauptsächlich stabilisierend sowie der dreiköpfiger Oberarmmuskel (M. triceps brachii), die Oberarmmuskeln (M. biceps brachii und M. brachialis) stemmend und stabilisierend

Mobilisiert/dehnt:
Sägemuskel (M. serratus), Brustmuskeln (M. pectorales), großer runder Muskel (M. teres major), aktiviert diese aber auch

Einsatzbeispiele:
Hunde mit zu wenig Stabilität in der Vorderhand, Muskelaufbau von Brustmuskulatur und Stabilisatoren der Schulter, Kräftigung des Rückens und der gesamten Hinterhand

Bemerkung:
Ihr Hund sollte die Hinterbeine weder zu stark angewinkelt haben noch sollte er sich in der Hüfte sehr strecken müssen und somit keinen Halt finden. Es empfiehlt sich, an einem Spiegel zu trainieren.

Einschränkung:
Orthopädische Probleme im Allgemeinen und Verspannungen im Schulterbereich sowie im Rücken. Ausschließlich für fitte Hunde!

Ausführung:
1. Teilen Sie diese anspruchsvolle Übung in zwei Teile auf und verlangen Sie anfangs nicht zu viel.
2. Stationieren Sie den Hund einige Male mit den Hinterbeinen an einem kleineren, gesicherten Peanutball. Bestätigen und belohnen Sie das ruhige Stehen drei bis vier Mal und machen dann eine kleine Pause.
3. Legen Sie nun vor den Peanutball zwei feste und gleich hohe Untergründe (zum Beispiel Stepper oder Plattform/Ikeamatte).
4. Führen Sie Ihren Hund erneut an die Station und lassen Sie ihn von hinten über die Erdnuss klettern (Futter oder Folgetarget), bis er auf einem Stepper mit beiden Vorderbeinen zum Stehen kommt.
5. Sie stehen frontal zu Ihrem Hund.
6. Bestätigen und belohnen Sie das ruhige Stehen und nehmen den Hund seitlich mit Futter oder mit einem Nasentarget/Folgetarget auf die andere Plattform mit.
7. Es lohnt sich jetzt schon, den eigenen Körper seitlich mitzunehmen, dann kann man später die anderen Hilfen weglassen und Ihr Hund kann sich besser auf seinen Körper konzentrieren.
8. Diese Übung ist sehr anstrengend. Führen Sie daher besser nur 2-3 saubere Seitenwechsel durch statt 10 geschummelte und wackelige Ausführungen.

Sitz-Steh-Sitz am Schrägbrett hinten erhöht

Trainingslevel 1

»SITZ-STEH-PLATZ AM SCHRÄGBRETT HINTEN ERHÖHT«

Schwerpunkt: Schulter und Rumpf

Bewegungsebene: Sagittalebene

Vorübung: Positionswechsel

Benötigte Utensilien: Schrägbrett oder liegender Baumstamm im Wald

Hierbei geht es um den Positionswechsel von der Sitzposition in die Stehposition. Allerdings wird die Vorderhand mitsamt der ganzen Brustkorbaufhängung statisch trainiert. Der Schwierigkeitsgrad wird hierbei über den Steigungsgrad und die Anzahl der Wiederholungen gesteuert.

SCHWIERIGKEIT: MITTEL

EQUIPMENT: Placeboard von Hannis Ballshop und FitPaws Sports KLIMB™

Schwerpunkt:

Muskelaufbau und Stabilisierung der Hinterhand und Vorderhand

Trainierte Struktur:

Stabilisiert:

Sägemuskel (M. serratus ventralis), unterer und oberer Grätenmuskel (M. infraspinatus und M. supraspinatus) Trapezmuskel (M. trapezius) Brustmuskulatur (M. pectorales), Rautenmuskel (M. rhomboideus)

Aktiviert:

Hauptsächlich die stemmenden Muskeln der Hinterhand wie den zweiköpfigen Oberschenkelmuskel (M. biceps femoris, Kruppenmuskel (M. gluteus medius), halbhäutiger Muskel (M. semimembranosus) sowie den großen Adduktor (M. adductor magnus). Außerdem an der Vordergliedmaße hauptsächlich der dreiköpfige Oberarmmuskel (M. trceps brachii) und der Deltamuskel (M. deltoideus)

Einsatzbeispiele:

Hunde, die vorne zu wenig „Substanz" und Stabilität haben; dazu zählen die schmalbrüstigen Hunde mit meist engem Vorderbeinstand sowie Hunde, die zu wenig Körperbewusstsein in der Hinterhand haben und Kräftigung benötigen

Einschränkung:

Schmerzzustände im Rückenbereich und Hunde, die die großen Gliedmaßengelenke nicht gut flektieren können und auch nicht sollten, orthopädische Erkrankungen in der Vordergliedmaßen

Ausführung:

1. Wählen Sie anfangs nur eine kleine Steigung. Dazu reicht meist das Unterlegen eines 10-15 cm hohen, festen Gegenstandes.
2. Der Hund wird von vorne auf das Schrägbrett geführt und auf dem höchsten Punkt gewendet, sodass der Blick zu Ihnen gerichtet ist.
3. Gehen Sie in die Hocke, damit sich Ihr Hund in der Halswirbelsäule nicht so überstrecken muss, um Sie zu sehen.
4. Nun fragen Sie die Sitzposition und die Stehposition im Wechsel ab, wobei der Übergang vom Sitz in das Steh entscheidend ist.
5. Bestätigen und geben Sie das Leckerchen in der Stehposition.
6. Wiederholen Sie diese Übung anfangs nicht zu oft. Sie ist sehr anstrengend. Vier bis fünf Wiederholungen mit geringer Steigung sind für den ersten Übungsdurchgang ausreichend.

BEMERKUNG

Als Variante können Sie vorne auch einen wackeligen Untergrund wählen. Das eignet sich zur Verbesserung der Balance in der Vorderhand (und Rückens) und für die Stabilität der Gliedmaßengelenke.

Sitz-Steh-Sitz am Schrägbrett vorne erhöht/ Platz-Steh vorne erhöht

Dabei soll sich der Hund auf einer mehr oder weniger steilen Steigung kraftvoll dynamisch-exzentrisch von der Sitz- oder Platzposition in die Stehposition hochdrücken. Die Vorderhand bleibt dabei in Position. Der Schwierigkeitsgrad wird hierbei über den Steigungsgrad und die Anzahl der Wiederholungen gesteuert.

Trainingslevel 1

»SITZ-STEH-PLATZ AM SCHRÄGBRETT VORNE ERHÖHT«

Zielort: Hinterhand

Bewegungsebene: Sagittalebene

Vorübung: Positionswechsel

Benötigte Utensilien: Schrägbrett oder liegender Baumstamm im Wald

Schwerpunkt:
Koordination/Hinterhandbewusstsein, mehr Schubkraft aus der Hinterhand, Muskelaufbau Hinterhand

Trainierte Struktur:

Stabilisiert:
Rückenmuskulatur

Aktiviert:
Darmbein-Lendenmuskel (M. iliopsoas), Darmbeinmuskel (M. iliacus), viereckiger Lendenmuskel (M. quadratus lumborum), alle Stemmer und Strecker der Hintergliedmaßen wie der mittlere Kruppenmuskel (M. gluteus medius), zweiköpfiger Oberschenkelmuskel (M. biceps femoris), halbsehniger Muskel (M. semitendinosus), halbhäutiger Muskel (M. semimembranosus), vierköpfiger Kniegelenkstrecker (M. quadriceps femoris), Wadenmuskel (M. gastrocnemius)

Einsatzbeispiele:
Zu wenig Körperbewusstsein in der Hinterhand, zu wenig Hinterhandschub, generell großrassige Junghunde oder Hunde, die viel Gewicht auf die Vorderhand bringen (nach Krankheit), alle Patienten mit chronischen Erkrankungen der Hinterhand (angepasst), Senioren

Einschränkung:
Schmerzzustände im hinteren Rückenbereich, schmerzhafte Cauda equina-Patienten mögen die Streckung im hinteren Rücken und Positionswechsel nicht sehr gerne (evtl. wenig Steigung), HD-Schmerzpatienten anfangs wenig Steigung (Hüftstreckung)

EQUIPMENT: Placeboard von Hannis Ballshop und FitPaws Sports KLIMB™

SCHWIERIGKEIT: MITTEL

Ausführung:

1. Der Hund wird von hinten auf das Schrägbrett geführt. Dabei sollte dieser vorne etwas höher stehen als hinten.
2. Sie stellen sich mit nicht zu großem Abstand frontal zum Hund - sonst würde sich Ihr Hund womöglich mit der Vorderhand nach vorne ziehen und nicht mit der Hinterhand nach oben stemmen.
3. Nun fragen Sie die Sitzposition und die Stehposition im Wechsel ab. Dabei ist der Übergang vom Sitz in das Steh entscheidend.
4. Bestätigen und geben Sie das Leckerchen in der Stehposition.
5. Wiederholen Sie diese Übung anfangs nicht zu oft, für den Hund ist sie sehr anstrengend. Vier bis fünf Wiederholungen mit geringer Steigung sind für den ersten Übungsdurchgang ausreichend.
6. Achten Sie unbedingt darauf, dass sich Ihr Hund nicht aus der Steh- in die Sitzposition plumpsen lässt. Er sollte die Körperspannung in der Hinterhand halten können. Außerdem sollte er nicht mit dem Hinterteil zur Seite kippen. In diesem Fall empfehle ich eine zügigere Abfolge der Wechsel, sodass der Hund keine Zeit hat, es sich bequem zu machen.
7. Wenn diese Übung vom Sitz in das Steh gut funktioniert hat, können Sie nun das etwas anspruchsvollere Platz-Steh versuchen. Dabei sollte der Schub wieder ausschließlich aus der Hinterhand kommen. Falls das nicht der Fall sein sollte, stehen Sie vielleicht auch zu weit vom Hund entfernt.
8. Die Platzvariante geht nur auf dem Schrägbrett!

Bemerkung:

Bei Hunden, die das Gewicht grundsätzlich viel nach vorne verlagern, bitte darauf achten, dass ein Schub aus der Hinterhand zustande kommt. Sie können den Leistungsstand auf einer Ebene vor dem Spiegel überprüfen oder eine Hilfsperson fragen. Achten Sie bei dieser Übung auch auf Ausgleichsbewegungen der Hinterhand, die eventuell immer einseitig eingeleitet werden.

Kniebeuge am Schrägbrett

Die gesamte Hinterhand soll trainiert werden - und zwar hauptsächlich eine dynamische (exzentrische) Kraftausdauer. Sie kennen bereits den Sitz-Steh-Wechsel (vorne leicht erhöht). Bei dieser Übung aber soll sich der Hund viel steiler nach oben wegdrücken.

Trainingslevel 1

»KNIEBEUGE AM SCHRÄGBRETT«

Zielort: Hinterhand

Bewegungsebene: Sagittalebene

Vorübung: Stationstarget

Benötigte Utensilien: Schrägbrett oder erhöhte Plattform

SCHWIERIGKEIT: MITTEL SCHWER

EQUIPMENT: FitPaws Sports KLIMB™

Schwerpunkt:
Kräftigung

Trainierte Struktur:

Stabilisiert:
Rumpfmuskulatur

Aktiviert:
Gesamte Hinterhand, vor allem die Muskeln, die viel für den Vorwärtsschub leisten, aber auch Muskeln, die sozusagen abbremsend arbeiten müssen (in die Sitzposition gehend), die Quadrizepsgruppe, die Glutealmuskulatur, der halbhäutige Muskel, der halbsehnige Muskel (M. semimembranosus und M. semitendinosus) und die Wadenmuskulatur (M. gastrocnemius), aber auch der zweiköpfige Oberschenkelmuskel (M. biceps femoris) und der Darm-Bein-Lendenmuskel (M. iliopsoas).

Einsatzbeispiele:
Wenig Kraft und Muskulatur in der Hinterhand, wenig Schub aus der Hinterhand, Verbesserung Sprungtraining, Gewicht wird zu viel auf die Vorderhand verlagert

Einschränkung:
Orthopädische und neurologische Probleme im Allgemeinen, diese Übung ist ausschließlich für gesunde Hunde gedacht

Ausführung:

1. Wenn Ihr Hund das Sitz-Steh-Sitz vorne leicht erhöht noch nicht kennt, fangen Sie bitte auf einer flachen Plattform an, die erste Idee zu formen.
2. Es ist durchaus sinnvoll, sich im Vorfeld Gedanken um spätere Wortsignale zu machen. Vermutlich kennt Ihr Hund das Signal „Sitz" nur mit allen vier Pfoten auf der Erde und nicht vorne erhöht (Achtung, Knoten im Kopf!). Versuchen Sie es einfach mal nur über Locken mit der Futterhand.
3. Fragen Sie zunächst einige Male die Positionswechsel vom Sitz in das Steh ab und bestätigen Sie die Ausführungen, bei denen der Hund mit den Vorderpfoten auf der Plattform stehen bleibt, ganz besonders.
4. Nun können Sie nach und nach in die Höhe gehen, bis das Abdrücken aus der Hinterhand wirklich kraftvoll und steil von unten nach oben durchgeführt wird.
5. Bestätigen Sie dies und nutzen sie Ihre Wortsignale für Sitz und Steh oder führen Sie eine Alternative ein.
6. Überprüfen Sie immer wieder Ihre Position frontal zum Hund. Sie sollten nah genug am Hund sein, um zu verhindern, dass er sich über die Vorderhand vorstemmt.
7. Bitte lassen Sie sich anfangs nicht zu übertrieben vielen Wiederholungen verleiten – auch wenn es toll klappt, denn die Übung ist sehr anstrengend. Wenn Sie Ermüdungszeichen feststellen, war es schon zu viel.

OUTDOOR-VARIANTE

BEMERKUNG

Bitte achten Sie darauf, dass sich Ihr Hund keinesfalls von der Steh- in die Sitzposition plumpsen lässt. Er sollte die Spannung bis zum Schluss halten. Falls dies doch der Fall sein sollte, „ziehen" Sie Ihren Hund kurz vor dem Sitz sofort wieder ins Steh (zügigere Abfolge). Hierbei ist natürlich Voraussetzung, dass Ihr Hund generell die Spannung halten kann. Ein langsames Hinsetzen ist viel anstrengender. Bitte bedenken Sie das.

Platz-Steh-Platz angedeutet

Auch wenn diese Übung einfach aussieht, so ist sie doch sehr anstrengend. Ihr Hund soll sich vom Steh langsam Richtung Platz absenken, ohne dabei seine Position zu verlassen und sich kurz vor dem Boden wieder in das Steh stemmen.

Trainingslevel 3

»PLATZ-STEH-PLATZ ANGEDEUTET«

Zielort: Hinterhand

Bewegungsebene: Sagittalebene

Vorübung: Positionswechsel

Benötigte Utensilien: Plattform oder zwei flache Targets. Outdoor: liegender Baumstamm im Wald

SCHWIERIGKEIT: SCHWIERIG

EQUIPMENT: Bodentargets

Schwerpunkt:

Mehr Schubkraft aus der Hinterhand, Muskelaufbau Hinterhand

Trainierte Struktur:

Stabilisiert:

Rumpfmuskulatur

Aktiviert:

Gesamte Hinterhand, vor allem die Muskeln, die viel für den Vorwärtsschub leisten, aber auch Muskeln, die sozusagen abbremsend arbeiten müssen (in die Platzposition gehend), die Quadrizepsgruppe, die Glutealmuskulatur (M. gluteus medius), der halbhäutige Muskel der halbsehnige Muskel (M. semimembranosus und M. semitendinosus) und die Wadenmuskulatur (M. gastrocnemius), aber auch der zweiköpfige Oberschenkelmuskel (M. biceps femoris) sowie der große Adduktor (M. adductor magnus) und der Darmbein-Lendenmuskel (M. iliopsoas)

Einsatzbeispiele:

Aufbau Sporthunde, bei zu wenig Hinterhandschub, zu wenig Stabilität in der Hinterhand

Einschränkung:

Schmerzzustände im hinteren Rückenbereich. Schmerzhafte Cauda equina-Patienten mögen die Positionswechsel nicht sehr gerne, wenn die Gelenke der Hintergliedmaßen nicht gebeugt werden können, dies betrifft vor allem die Kniepatienten

BEMERKUNG

Wenn Ihr Hund gerne einen Schritt nach vorne macht, können Sie diese Übung auch auf einer Erhöhung versuchen (zum Beispiel auf einem kleinen Tisch). Wenn Sie mit den Pfoten ganz vorne an der Kante beginnen, funktioniert dies meist ganz gut.

Ausführung:

1. Sie beginnen mit dem Plattformtraining (siehe Koordination, Seite 118) und bestätigen ein paar Mal das schöne Stehen auf der Plattform.
2. Die eleganteste Möglichkeit wäre nun, ein Nasentarget oder das Kinntarget zu verwenden und damit etwas weiter als gewohnt auf den Hund zugehen. Alternativ geht auch eine Futtertube.
3. Sie bestätigen sofort das kleinste Zurücknehmen. Was die Futterbelohnung angeht, sind die Futtertuben ganz klar im Vorteil, da Sie daraus sofort eine große Ladung abfeuern können, solange Ihr Hund noch in der gewünschten Position ist (oder auf dem Weg dorthin).
4. Vermeiden Sie das verbale Platzsignal. Es besteht die Gefahr, dieses abzuschwächen. Eventuell möchten Sie Ihr Körpersignal für die angedeutete Platz-Position als Hilfestellung „opfern". Sie können diese Körperhilfe im nächsten Schritt durch Ihr gewähltes Wortsignal ersetzen.
5. Wenn der Wechsel von Zurücknehmen und Zurückstemmen in die Stehposition gut funktioniert, können Sie Ihr Wortsignal einführen.
6. Machen Sie diese Übung anfangs nicht zu oft. Sie ist sehr anstrengend.

Sitz & Vorderhandsprung/ Platz & Vorderhandsprung

Der Hund soll sich bei beiden Varianten impulsiv-dynamisch aus der Sitz- oder der Platzposition hochdrücken und auf den Vorderpfoten zum Stehen kommen, ohne mit der Hinterhand die Position zu verlassen.

Trainingslevel 2

»SITZ & VORHANDSPRUNG/ PLATZ & VORHANDSPRUNG«

Zielort: Hinterhand

Bewegungsebene: Sagittalebene

Vorübung: Impulskontrolle

Benötigte Utensilien: Eine Plattform und eine Matte, die etwas höher als die Plattform sein sollte

Schwerpunkt:
Koordination (Reaktionsfähigkeit), Verbesserung Schubkraft und Hinterhandbewusstsein

Stabilisiert:
Rumpfmuskulatur

Aktiviert:
Alle stemmenden und streckenden Muskeln der Hinterhand, die Rumpfmuskulatur, Brustmuskulatur, Schulteraufhängung, Extensoren und stemmende Muskeln der Vordergliedmaßen, Gelenkknorpel durch Belastung/Entlastung, das neuromuskuläre Zusammenspiel der Vordergliedmaßen

Einsatzbeispiele:
Für alle Sparten des Hundesports, Warm-up, fehlender Schub aus der Hinterhand, koordinative Defizite, wenig Kraft in der Vorderhand

Einschränkung:
Orthopädische Probleme im Allgemeinen und Verspannungen im Schulterbereich sowie im Rücken und Instabilitäten in der Vordergliedmaßen

EQUIPMENT
IKEA Plufsig Gymnastikmatte und Cavaletti-Set

SCHWIERIGKEIT
MITTEL

Ausführung:

1. Der Hund sollte für diese zwei Übungsvarianten das Sitz und Bleib sowie das Platz und Bleib beherrschen.
2. Beginnen Sie zunächst nur mit der Plattform und fragen auf dieser die Positionswechsel Sitz-Steh sowie Platz-Steh ab und bestätigen Sie. Für das Training ist die Bewegung aus dem Sitz und aus dem Platz entscheidend. Daher können Sie die ganz zackigen Durchführungen besonders feiern.
3. Schicken Sie Ihren Hund nun kurz auf die Ruhestation. Sie müssen jetzt umbauen.
4. Je nach Hundegröße positionieren Sie Ihre Matte vor der Plattform mit einem mehr oder weniger großen Spalt dazwischen. Ihr Hund sollte dies als Hindernis wahrnehmen, aber keinen Schritt in Ihre Richtung nach vorne weg machen müssen, um mit den Vorderpfoten dort zu landen, wo Sie es planen.
5. Geben Sie nun das Signal für das Sitz und bauen nun mit Ihrer Körperhaltung und Spielzeug (beziehungsweise Leckerchen) Spannung auf.
6. Sie können als Körperhilfe auch eine zum Hund Hin- und Wegbewegung machen, um Ihren Hund „mitzunehmen" oder direkt am Futter anzudocken und „mitzuziehen". Probieren Sie am besten aus, was bei Ihrem Hund besser funktioniert.
7. Wenn dies gut geklappt hat, können Sie es auch aus der Platzposition versuchen.
8. Belohnen Sie die sehr guten Durchführungen speziell, damit Ihr Hund gleich weiß, worum es Ihnen dabei geht.

BEMERKUNG

Wenn Ihr Hund eher in die Stehposition läuft als hüpft, können Sie auch eine Cavaletti-Stange in den Spalt stellen. So wird Ihrem Hund die Übung vielleicht klarer.

Tauziehen am Peanutball

Das ist eine tolle Übung für alle spielzeugverrückten Hunde. Wenn Ihr Hund mit Spielzeug gar nichts anfangen kann, nehmen Sie stattdessen die Übung Core Power. Ihr Hund soll vorne abgestützt mit Ihnen am Peanutball tauziehen.

SCHWIERIGKEIT: MITTEL

EQUIPMENT: FitPaws TraxPeanut

Trainingslevel 1

»TAUZIEHEN AM PEANUTBALL«

Zielort: ganzer Körper

Bewegungsebene: Sagittalebene

Vorübung: Impulskontrolle

Benötigte Utensilien: Peanutball (gesichert) und ein Spielzeug

Schwerpunkt:

Koordination (Reaktionsfähigkeit). Kräftigung und Stabilisierung des ganzen Körpers

Trainierte Struktur:

Stabilisiert:

Isometrisch die Muskulatur der Hinterbeinstrecker sowie Muskeln mit stemmender Funktion, Rückenmuskulatur wie auch der breite Rückenmuskel, die Lendenmuskulatur und Bauchmuskulatur

Aktiviert:

Hauptsächlich die Schulterstabilisatoren, die Rumpfaufhängung und Gliedmaßenstrecker wie der Trapezmuskel (M. trapezius), der Sägemuskel (M. serratus ventralis), die Brustmuskulatur (M. pectorales), Rautenmuskel (M. rhomboideus), dreiköpfiger Oberarmmuskel (M. triceps brachii), Deltamuskel (M. deltoideus) und auch der obere und untere Grätenmuskel

Einsatzbeispiele:

Aufbau und spezialisiertes Warm-up (Schutzdienst, Mondioring, Frisbee), wenig Schub aus der Hinterhand, wenig Stabilität und Kraft in der Hinterhand sowie fehlende Kraft und Stabilität von Brustmuskulatur, Schulter und Vordergliedmaßen (stützt sich ab). Durch rhythmische Druckbelastung und Entlastung wird auch das neuromuskuläre Zusammenspiel in der Hinterhand und auch in der Vorderhand verbessert und somit auch die Reaktion zwischen Muskel und seiner neuronalen Verbindung verbessert.

Einschränkung:

Orthopädische Probleme im Allgemeinen und Verspannungen im Schulterbereich sowie im Rücken (auch bei Ihnen). Eine Übung für ausschließlich gesunde Hunde!

Ausführung:

1. Vorausetzung für diese Übung ist, dass Ihr Hund auf Signal sein Spielzeug abgibt und Sie keine Sorge um Ihre Finger haben müssen.
2. Damit Ihr Hund schon einen kleinen Vorgeschmack auf die nächste Übung bekommt, starten Sie zunächst am Boden ein kleines Beutespiel und beenden Sie dies, wenn es gerade am schönsten ist.
3. Ihr Hund kennt den Peanutball schon, wenn nicht, dann locken Sie ihn mit den Vorderpfoten darauf und bestätigen das erhöhte Stehen ein paar Mal.
4. Wenn Ihr Hund ohne Zögern auf den Peanutball springt, können Sie schon zum nächsten Übungsschritt übergehen und Ihren Hund davor absetzten.
5. Sie gehen nun auf die andere Seite und zaubern nun langsam das begehrte Spielzeug hervor, Ihr Hund bleibt aber immer noch sitzen.
6. Bauen Sie mit Ihrem Körper langsam Spannung mit der Beute auf und geben nun das auflösende Signal zum Fangen der Beute.
7. Sie geben die Richtung und die Intensität des Ziehens vor. Im Optimalfall ist das eine kontrollierte Vorwärts-Rückwärts-Bewegung. Ihr Hund sollte sein Spielzeug dabei nicht seitlich schütteln oder Ihnen den Arm halb ausreißen.

BEMERKUNG

Wenn Ihr Hund bei dieser Übung zu sehr hochdreht, legen Sie diese Übung eher an das letzte Drittel der Übungseinheit und wiederholen Sie dieses tolle Spiel nicht allzu oft.

Kombinationen (nicht nur) für Sporthunde

Ausgangsposition	*Übung*	*Wiederholungen*
Einparken vorwärts	*Steh-Platz-Steh* *alle Pfoten anheben* *Front Jump and Back*	*2 Wechsel* *je 1 x* *2 x*
Vorne oben	*Sidewalk*	*1 x je Seite*
	Sitz-Steh-Sitz *Sitz-Steh-Sitz/1 Vorderbein anheben* *Core Power*	*2 Wechsel* *je 1 x* *2 x*
Hinten oben	*Rückwärts › Hinterhandtarget › Kinntarget*	*1 x*

EQUIPMENT
Eine Plattform

Sportspezifisches Training am Beispiel Agility

Kraftschub Hinterhand: zum Beispiel Sitz-Steh-Sitz am Schrägbrett

Koordination (alle Bereiche): zum Beispiel Balance/Stabilität auf Matratze

Schnellkraft: zum Beispiel Abrufübung auf Distanz

Gelenkbeweglichkeit: zum Beispiel Cavaletti-Training

Stabilität Vorderhand: zum Beispiel „Front-Jump“

Kräftigung Zehenbeuger/Pfote: zum Beispiel mit Pfoten-Pull (Warm-up)

Zusatzteil für den Rehabereich

Neben den Übungen aus den vorigen Kapiteln möchte ich Ihnen noch weitere Möglichkeiten vorstellen, die sich sehr gut am Patienten anwenden oder auch gut in ein Hausaufgabenprogramm einbauen lassen.

Plattformtraining

Trainingslevel 1

»PLATTFORMTRAINING«

Zielort: ganzer Körper

Bewegungsebene: Sagittalebene

Vorübung: Nasentarget/ Futterlocken

Benötigte Utensilien: Plattform (zum Beispiel Dogstepper)

Diese Übung eignet sich für jeden Hund. Vor allem nach orthopädischen operativen Eingriffen können Sie diese Variante des Plattformtrainings als „Starter-Übung" in die Therapie einbauen oder dem Halter als Heimtraining empfehlen.

Schwerpunkt:
Training Körpergefühl und Verbesserung der Gliedmaßenbelastung

Einschränkung:
Akute Erkrankungen der HWS

Trainierte Struktur:
Ganzkörpertraining

Einsatzbeispiele:
Nach orthopädisch chirurgischer Intervention (nicht die Halswirbelsäule betreffend), schlechtes Körpergefühl, als Variante des isometrischen Krafttrainings, wenn keine Gliedmaßenbewegung erwünscht ist (Verband), Junghundetraining, Seniorentraining

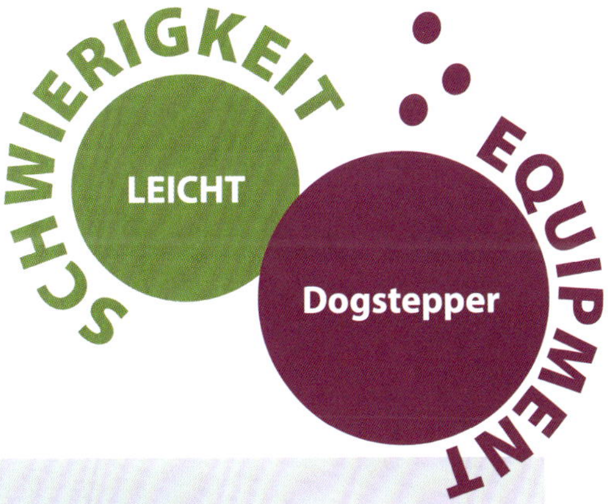

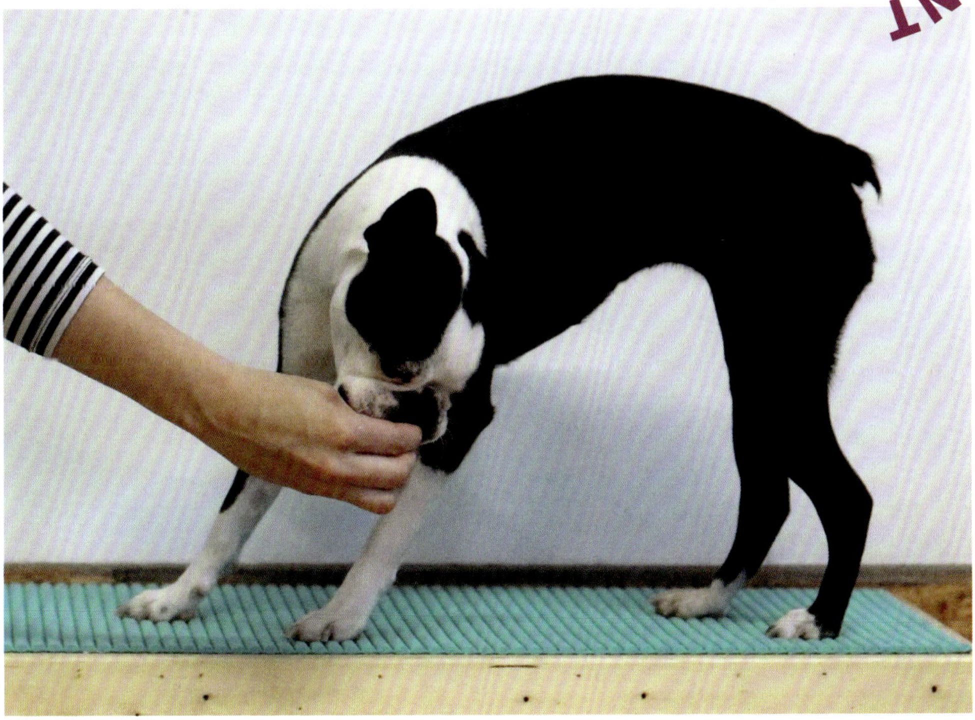

Ausführung:

1. Wählen Sie eine Plattform (zum Beispiel Dogstepper), auf der Ihr Hund bequem stehen kann. Die Länge der Plattform sollte dabei entsprechend der Hundelänge sein.
2. Nun führen Sie mit der Folgehand den Hund von hinten gerade auf die Plattform (im Idealfall mit der Folgehand) und zeigen ihm somit, wie es am einfachsten geht. Dies wird einige Male wiederholt und bestätigt.
3. Nun können Sie auch schon das Wortsignal für alle vier Pfoten auf einem Objekt (zum Beispiel „Auf") einführen.
4. Sie bestätigen nun nur noch das ruhige Stehen auf der Plattform und belohnen auch in dieser Position. Bauen Sie keine Spannung auf und lösen Sie nach jedem Durchgang ruhig auf.
5. Wenn Ihr Hund gut und sicher steht, können Sie mittels Nasentarget oder Futter die Seitenneigung rechts wie links durchführen, den Kopf nach oben und unten sowie in Richtung Brust führen, damit sich der Hund mit seinem Körper etwas zurücknehmen muss.
6. Die Wiederholungszahl langsam steigern.
7. Die Untergründe können später variiert werden.

Schulterblatt-Move passiv

Der Hund sitzt vor Ihnen und führt mit Ihrer Unterstützung eine Dehnung aus. Diese Übung ist auf jeden Fall sinnvoll, wenn der Überlastungstest Vorderhand positiv war, der Hund also deutlich reagiert hat.

SCHWIERIGKEIT: LEICHT

EQUIPMENT: FitPaws Sports KLIMB™

»SCHULTERBLATT-MOVE PASSIV«

Trainingslevel 1

Zielort: Schulterblattmuskulatur

Bewegungsebene: Sagittalebene

Vorübung: keine

Benötigte Utensilien: Keine

Schwerpunkt:
Mehr Beweglichkeit (Raumgriff), Dehnung

Trainierte Struktur:

Stabilisiert:
Rückenmuskulatur, Gegenseite

Mobilisiert/dehnt:
Breiter Rückenmuskel (M. latissimus dorsi), Brustmuskulatur (M. pectorales), Schulterblattaufhängung (M. serratus ventralis), Schultergelenkbeuger

Einsatzbeispiele:
Hunde, die lange viel Gewicht auf die Vorderhand bringen, unter orthopädischen Problemen im vorderen Bereich leiden, einen steilen Schulterblattstand haben, Senioren, Cool-down für Sporthunde

Einschränkung:
Akute Schmerzzustände und Verletzungen im Schulterbereich und am Ellbogen

Ausführung:
1. Der Hund sitzt vor Ihnen.
2. Nehmen Sie vorsichtig das zu trainierende Bein auf (evtl. mit Ankündigung) und halten es mit einer Hand stabilisierend unter dem Ellbogen. Die andere Hand greift oberhalb der Pfote.
3. Bauen Sie wirklich langsam Richtung kopfwärts einen Zug auf und achten Sie darauf, dass der Hund nicht aus der Balance kommt.
4. Stoppen Sie an dem Punkt, an dem der Hund noch gut mitmacht, halten Sie die Dehnung und verstärken Sie sie nach 3-4 Sekunden nochmals ein kleines bisschen, um diese Position wiederum zu halten.
5. Sie können den Effekt noch verstärken, wenn Sie das Bein leicht über die Brustmitte zur Gegenseite führen und halten.
6. Jede Seite mindestens 10-15 Sekunden halten

BEMERKUNG

Es darf bei dieser Übung nicht gegen den Hund gearbeitet werden – also keinen Gegenzug ausüben. Der Hund sollte dabei stets entspannt sitzen. Außerdem hat es sich bewährt, die Übung nicht durch Pfotegeben einzuleiten, da er selbst bei dieser Übung nicht aktiv werden soll und Sie so mehr Ruhe in der Übung haben.

Sitz-Steh-Sitz vorne erhöht/hinten wackelig

Diese Übung ist nicht nur unbedingt die erschwerte Variante zum Sitz-Steh-Sitz am Schrägbrett. Sie hat auch einen anderen Schwerpunkt – nämlich das Erreichen von mehr Stabilität und Körperbewusstsein in der Hinterhand. Der Schub aus der Hinterhand kann nicht ganz so kraftvoll aufgebaut werden, da der Hund gleichzeitig die Balance halten muss. Dies ist keine Einsteigerübung. Beginnen Sie zunächst mit einer wenig nachgiebigen Matte für die Hinterhand und sehen Sie, ob Ihr Hund diese Übung gut bewältigen kann.

SCHWIERIGKEIT: SCHWIERIG

EQUIPMENT: IKEA Hocker und Balance-Pad

Trainingslevel 2

»SITZ-STEH-SITZ VORNE ERHÖHT/HINTEN WACKELIG«

Zielort: Hinterhand

Bewegungsebene: Sagittalebene

Vorübung: Positionswechsel/Stationstarget

Benötigte Utensilien: Ein kleiner Hocker und ein Balance-Pad (der Hundegröße entsprechend)

Schwerpunkt:

Stabilität, Koordination/Hinterhandbewusstsein, Muskelaufbau Hinterhand

Trainierte Struktur:

Stabilisiert:

Rumpfmuskulatur

Aktiviert:

Gesamte Hinterhand, vor allem die Muskeln, die viel für den Vorwärtsschub leisten müssen, aber auch Muskeln, die abbremsend arbeiten müssen (in die Sitzposition gehend). Die Quadrizepsgruppe, die Glutealmuskulatur, der halbhäutige Muskel der halbsehnige Muskel (M. semimembranosus und M. semitendinosus) und die Wadenmuskulatur (M. gastrocnemius), aber auch der zweiköpfige Oberschenkelmuskel (M. biceps femoris) und der Darm-Bein-Lendenmuskel (M. iliopsoas), außerdem die umgebenden Strukturen wie Gelenkkapsel, Bänder und Sehnen

Einsatzbeispiele:

Koordinationsdefizite, wenig Hinterhandbewusstsein, Instabilitäten in der Hinterhand, schwacher Bandapparat

Einschränkung:

Schmerzzustände im Rückenbereich, neurologische Einschränkungen, schmerzhafte Cauda equina-Patienten mögen die Streckung im hinteren Rücken und Positionswechsel nicht sehr gerne (eventuell nur wenig Steigung), HD-Schmerzpatienten anfangs wenig Steigung (Hüftstreckung)

Ausführung:

1. Führen Sie den Hund zunächst nur auf die Erhöhung für die Vordergliedmaßen und bestätigen Sie ein paar Mal das ruhige Stehen.
2. Fragen Sie nun das Steh-Sitz-Steh vorne erhöht ab, wobei Ihr Hund beim Hinsetzen nicht von der Erhöhung hinuntergehen sollte. Wenn dies der Fall sein sollte, kann es sein, dass er die Übung so nicht versteht, da Sitz für die meisten Hunde heißt, alle vier Pfoten auf einer Ebene zu haben. Nehmen Sie einfach ein ganz flaches Target und erhöhen Sie langsam. Obedience-Sportler können anfangs nur Handsignale nutzen und dann auf Alternativsignale wie „Up“ und „Down“ gehen. So gibt es keine Vermischungen im Training.
3. Lösen Sie die Übung kurz auf (Ruhestation) und legen nun den wackeligen Untergrund für die Hinterbeine in entsprechendem Abstand hinter das Vorderhandtarget. In Folge sollte der Hund höher stehen.
4. Sie stellen sich frontal zum Hund – aber nicht mit zu großem Abstand, sonst würde sich Ihr Hund womöglich mit der Vorderhand nach vorne ziehen und nicht mit der Hinterhand nach oben stemmen.
5. Nun fragen Sie die Sitzposition und die Stehposition im Wechsel ab, wobei der Übergang vom Sitz in das Steh entscheidend ist.
6. Bestätigen und geben Sie das Leckerchen in der Stehposition.
7. Wiederholen Sie diese Übung anfangs nicht zu oft, sie ist sehr anstrengend. Zwei bis drei Wiederholungen sind für den ersten Übungsdurchgang ausreichend.
8. Achten Sie unbedingt darauf, dass sich Ihr Hund nicht aus der Stehposition in die Sitzposition plumpsen lässt. Er sollte die Körperspannung in der Hinterhand halten können. Außerdem sollte er nicht mit dem Hinterteil zur Seite kippen. In diesem Fall empfehle ich eine zügigere Abfolge der Wechsel, sodass der Hund keine Zeit hat, es sich bequem zu machen.

BEMERKUNG

Bitte achten Sie bei Hunden, die das Gewicht grundsätzlich viel nach vorne verlagern, darauf, dass ein Schub aus der Hinterhand zustande kommt. Sie können den Leistungsstand auf einer Ebene vor dem Spiegel überprüfen oder Sie fragen eine Hilfsperson. Achten Sie bei dieser Übung auch auf Ausgleichbewegungen der Hinterhand, die eventuell immer einseitig eingeleitet wird.

Rücken-Mobil

Um die Mobilität und die dreidimensionale Beweglichkeit der Wirbelsäule zu erhalten, müssen alle Ebenen und Richtungen trainiert werden - eben Beugung, Streckung und Seitenneigung.

Trainingslevel 1

»RÜCKEN-MOBIL«

Zielort: Wirbelsäule

Bewegungsebene: alle

Vorübung: keine

Benötigte Utensilien: Plattform zum Stationieren oder Vorderhand- oder Hinterhandtarget (siehe Plank)

Schwerpunkt:
Mehr Beweglichkeit

Trainierte Struktur:
Darmbein-Rippenmuskel (M. iliocostalis), langer Rücken-, Hals-und Kopfmuskel (M. longissimus), vielästige oder gefiederte Muskeln (Mm. multifidi), Dreher (M. rotatores), Bauchmuskulatur, umgebende Strukturen wie Faszien, Bandscheiben, Bänder und Sehnen sowie die gesamte Gliedmaßenmuskulatur isometrisch

Einsatzbeispiele:
Bewegungseinschränkung der Wirbelsäule und des Schulterblattbereichs, Verspannungen der Rückenmuskulatur, Warm-up (zügig) Cool-down (langsam/dehnend), als Ausgleichsübung zum Sport

Einschränkung:
Akute Schmerzzustände, akute Wirbelsäulenerkrankungen, bei Spondylose-Patienten keine Überstreckung der Wirbelsäule (Sterngucker), da eine chronische Reizung des Ventralbandes unterhalb der Wirbelsäule vorliegt

SCHWIERIGKEIT
LEICHT

Ausführung:

1. Im besten Fall kennt Ihr Hund das sichere Stationieren auf der Plattform. Dies ist für den Hund angenehmer, als wenn Sie ihn festhalten müssen.
2. Sie führen Ihren Hund entweder mit der Futtertube oder mit dem Nasentarget aus der Stehposition zur einer Seite an das Knie, bestätigen dort und geben die Belohnung.
3. Gehen Sie wieder zurück in die Ausgangsposition.
4. Wiederholen Sie die gleiche Übung auf der anderen Seite.
5. Danach nehmen Sie wieder die Ausgangsposition ein.
6. Führen Sie die Hundenase wieder zum anderen Knie, nehmen dann aber die Nase in die Höhe (Sterngucker). Der Hund darf dabei ausnahmsweise in ein Hohlkreuz gehen (Hyperextension/Hyperlordose). Bestätigen und belohnen Sie auch dort.
7. Gehen Sie aus dieser Position wieder zum anderen Knie, bestätigen und belohnen auch wieder an dieser Stelle.
8. Aus der knieküssenden Stellung gehen Sie dieses Mal in eine seitengeneigte Überstreckung des Rückens, also ein seitlicher Sterngucker, bestätigen dieses und belohnen in Position.
9. Diese Position wird zur kompletten Beugung überführt - also Nase unter den Bauch.
10. Dann gehen Sie aus dieser Position zur anderen Seite für den seitlichen Sterngucker.
11. Und zum Schluss nochmal die Beugung mit aufgewölbten Rücken.

BEMERKUNG

Es wirkt auf den ersten Blick etwas komplex, mit etwas Übung und einem Hund, der gut zu stehen gelernt hat, gehen die Bewegungsabläufe fließend ineinander über.

Rücken-Mobil Slalom

Weil die Wirbelsäule als Brücke zwischen den Gliedmaßenpaaren sehr großen Scherkräften und Ausgleichbelastungen ausgesetzt ist, müssen wir diese mobil und funktionell erhalten. Um die Seitenneigung im Wechsel in beide Richtungen zu trainieren, können wir den Hund Achter-Touren um verschiedene Objekte gehen lassen.

Trainingslevel 2

»RÜCKEN-MOBIL SLALOM«

Zielort: Wirbelsäule

Bewegungsebene: Dorsalebene

Vorübung: Nasentarget

Benötigte Utensilien: Vier Gegenstände, die der Hund umgehen soll (zum Beispiel zwei Pylonen und zwei Tonnen)

SCHWIERIGKEIT
LEICHT

EQUIPMENT
Pylonen, TOGU Jumper pro und Balancekuppel

Schwerpunkt:

Mehr Beweglichkeit, Koordination (Umstellungsfähigkeit, Anpassungsfähigkeit)

Trainierte Struktur:

Darmbein-Rippenmuskel (M. iliocostalis), langer Rücken-, Hals-und Kopfmuskel(M. longissimus), vielästige oder gefiederte Muskeln (Mm. multifidi), Bauchmuskulatur, umgebende Strukturen wie Faszien, Bandscheiben, Bänder und Sehnen, kurz alle bindegewebigen Strukturen. Außerdem wird dabei noch die Gliedmaßenmuskulatur gekräftigt, vor allem die der Schulter

Einsatzbeispiele:

Bewegungseinschränkung der Wirbelsäule und des Schulterblattbereichs, Verspannungen der Rückenmuskulatur, Warm-up (zügig) Cool-down (langsam/dehnend), als Ausgleichsübung zum Sport, neurologische Defizite (angepasst)

Einschränkung:

Akute Schmerzzustände, Instabilität der Wirbelsäule

Ausführung:

1. Vielleicht kennt der Hund das Umrunden von Gegenständen schon vom Cavaletti-Aufbau. Wenn nicht, wird hier der Aufbau nochmals beschrieben, da auch bei dieser Übung ein flüssig fokussierter Ablauf benötigt wird.
2. Sie nehmen zunächst nur eine Pylone und führen den Hund um die Pylone herum.
3. Es ist völlig in Ordnung, den Hund mit einem Futterstück zu locken, um eine Grundidee zu schaffen. Kennt der Hund das Nasentarget, ist das auf jeden Fall zu bevorzugen.
4. Die Bestätigung erfolgt zunächst an dem Punkt, an dem der Hund schon mit dem Kopf hinter der Pylone ist. Das Futter bekommt er dann, wenn er die Pylone umrundet hat, etwa auf der Höhe der Schulter.
5. Nun können Sie auch Ihr Wortsignal einführen (zum Beispiel „Außen").
6. Wenn das gut klappt und sich der Hund auch schon aus einer kleinen Distanz von ein bis zwei Metern gut um die Pylone schicken lässt, können Sie eine zweite Pylone einführen und den Hund in einer Achter- Tour um zunächst zwei Pylonen im Abstand von drei Hundelängen schicken.
7. Nun können Sie zwei weitere Pylonen oder besser noch breitere Gegenstände wie Futtertonnen einbauen. Dies hat den Vorteil, dass sich der Hund unterschiedlich stark biegen muss.
8. Anfangs stellen Sie die Gegenstände in etwa drei Hundelängen Abstand auf. Später können Sie die Gegenstände enger zueinander oder auch zwei enger und zwei weiter auseinanderstellen.
9. Lassen Sie den Hund nun in flüssigen Achter-Touren jeweils um beide Gegenstände gehen. Ihre Positionierung ist dabei mittig.

BEMERKUNG

Bei Agility-Hunden im Rehabereich empfiehlt es sich, die Gegenstände nicht so weit auseinander zu stellen, da diese Hunde gerne viel Tempo aufbauen. Zu ähnlich ist diese Übung den Sequenzen aus dem Sport. Achten Sie auf eine ruhige Durchführung (im Schritt) und andere Wortsignale sowie Körpersignale, damit Ihr Hund nicht gleich in den Sportmodus verfällt. Nehmen Sie diese Übung ausschließlich für Ihren speziellen Warm-up, so gilt diese Empfehlung nicht.

Dorsal-Stretch

Ziel ist es, die ganze Dorsallinie beginnend von Kopf bis zur Pfote auf Dehnung zu bringen und damit die ganze myofasziale Funktionskette zu mobilisieren. Denken Sie immer daran: „Die Form folgt der Funktion und die Funktion entspricht der Form". Eine Übung, die sich gut in die Behandlung einbauen lässt, da sich der Hund optimalerweise in Seitenlage befindet.

Trainingslevel 1

»DORSAL-STRETCH«

Zielort: Dorsallinie, Wirbelsäule

Bewegungsebene: Sagittalebene

Vorübung: Keine (Nasentarget)

Benötigte Utensilien: Futtertube oder Nasentarget

SCHWIERIGKEIT: LEICHT

EQUIPMENT: IKEA Plufsig Gymnastikmatte

Schwerpunkt:

Beweglichkeit/Dehnung

Trainierte Struktur:

Mobilisiert/dehnt:

Oberflächliche Rückenlinie/Dorsallinie und gesamte Streckerkette

Einsatzbeispiele:

Verspannungen der Rückenmuskulatur, Senkrücken (Lordose), Kräftigung der Bauchmuskulatur, Verkürzung der ischiocruralen Muskulatur, Gegenübung zur Fußarbeit

Einschränkung:

Akute Schmerzzustände, Kniepatienten (Extension Kniegelenk)

BEMERKUNG

Generell werden Sie mehr Ruhe in der Übung haben, wenn Sie ein gut aufgebautes Target nutzen. Allerdings ist die Motivation, sich mehr anzustrengen, bei Futter eher gegeben.

Ausführung:

1. Der Hund liegt auf der Seite und ist entspannt.
2. Sie nehmen entweder eine Futtertube zur Stationierung oder der Hund kennt das Nasentarget in allen Positionen, dann ist diese Variante zu bevorzugen.
3. Sie halten nun entweder mit Ihrer Hand als Widerlager gegen beide Hinterpfoten oder nutzen dafür einen anderen Widerstand (zum Beispiel Ihr Knie).
4. Nun docken Sie den Hund an der Futtertube an oder fragen das Stationieren am Target ab.
5. Sie bringen nun langsam die Hundeschnauze grob in Richtung Hundeknie, flektieren also die Wirbelsäule maximal und bringen dadurch auch die ischiocrurale Muskulatur, die Wadenmuskulatur und die Zehenbeuger auf Zug.
6. Wenn der Hund zur Seite ausweicht, war es vermutlich zu viel Beugung. Versuchen Sie es erneut mit weniger Intensität.
7. Wenn möglich, diese Position 2 x 10-15 Sekunden halten.

Ventral-Stretch

Ziel ist es, die ganze Ventrallinie beginnend von Kinn bis zum Pfotenrücken auf Dehnung zu bringen und damit die ganze myofasziale Funktionskette zu mobilisieren/dehnen. Eine Übung die sich gut in die Behandlung einbauen lässt, da sich der Hund optimalerweise in Seitenlage befindet. Es ist wichtig, alle physiologischen Bewegungsrichtungen zu erhalten oder wiederherzustellen. Liegen Verspannungen der Rückenmuskulatur vor, reagiert die Bauchmuskulatur oft reflektorisch als Gegenspieler und spannt ebenso an. Auch eine ältere Operationsnarbe oder wiederkehrende Magen- Darmprobleme können zu einer erhöhten Bauchdeckenspannung führen.

Trainingslevel 1

»VENTRAL-STRETCH«

Zielort: Beugerkette

Bewegungsebene: Sagittalebene

Vorübung: Keine (Nasentarget)

Benötigte Utensilien: Futtertube oder Nasentarget

SCHWIERIGKEIT: LEICHT

EQUIPMENT: IKEA Plufsig Gymnastikmatte

Schwerpunkt:
Beweglichkeit/Dehnung

Trainierte Struktur:

Mobilisiert/dehnt:
Gesamte Beugerkette/oberflächliche Ventrallinie

Einsatzbeispiele:
Bewegungseinschränkungen, verkürzte Bauchmuskulatur (zum Beispiel durch Rückenverspannungen), aufgekrümmte Haltung (Kyphose)

Einschränkung:
Akute Schmerzzustände, Instabilitäten und Degenerationen der Wirbelsäule (zum Beispiel Spondylosen), Bandscheibenerkrankungen, bei zu viel Spannung auf der Oberschenkelmuskulatur, vor allem dem M.rectus femoris (Kniepatienten, HD)

Ausführung:
1. Der Hund liegt auf der Seite und ist entspannt.
2. Sie nehmen entweder eine Futtertube zur Stationierung oder der Hund kennt das Nasentarget in allen Positionen. Dann ist diese Variante zu bevorzugen.
3. Sie halten nun entweder mit Ihrer Hand als Widerlager gegen beide Knie oder legen die Hand längs zwischen die Oberschenkel auf das Schambein. Ihre Positionierung hierfür ist dann auf der Rückenseite. Falls Ihr Hund durch eine lange Schrittverkürzung viel Spannung auf dem Oberschenkel hat, legen Sie die Hand lieber gleich auf das Schambein und mildern den Zug somit etwas ab.
4. Nun docken Sie den Hund an der Futtertube an oder fragen das Stationieren am Target ab.
5. Führen Sie die Hundeschnauze nun nach oben und stoppen Sie die Dehnung, solange der Hund noch gut mitgeht und keine Ausweichbewegungen zeigt. Keinesfalls sollten Sie gegen den Hund arbeiten, die Bewegung sollte leicht und ohne große Anstrengungsversuche gehen.
6. Wenn möglich, diese Position kurz halten und nochmals wiederholen.

BEMERKUNG ...

Die meisten Hunde finden es angenehmer, wenn Sie die eine Hand auf das Schambein legen und die andere Hand die Bewegung einleitet. Sie haben zwar somit nicht die komplette ventrale Körperlinie bearbeitet, aber meist genügt die abgespeckte Variante für den nötigen Erfolg.

Bounce unterstützt

Das Bouncen oder auch Hüpfen ist eine gute Übung, um physiologische Bewegungsmuster langsam anzubahnen, wie zum Beispiel bei propriozeptiven Defiziten. Die Stimulation erfolgt durch den Reiz, der von außen über die funktionelle Einheit Nerv und Muskel gegeben wird und sollte rhythmisch und oft erfolgen (täglich). Man nimmt je nach Gesundheitszustand mehr oder weniger direkt Einfluss auf die Bewegung, indem entweder das Trainingsgerät und/oder der Hund in der Bewegung beeinflusst wird.

Trainingslevel 1

»BOUNCE UNTERSTÜTZT«

Zielort: Vorder- oder Hinterhand

Bewegungsebene: Sagittalebene

Vorübung: Keine (Nasentarget)

Benötigte Utensilien: Trampolin, Matte oder Peanutball mit entsprechender Unterlage, Nasentarget

EQUIPMENT: Trampolin

SCHWIERIGKEIT: LEICHT

Schwerpunkt:
Stabilität, Anbahnung und Koordination von physiologischen Bewegungsabläufen

Trainierte Struktur:

Stabilisiert:
Gelenke durch die Aktivierung von Gelenkkapsel, Bändern und Sehnen

Aktiviert:
Halte,- und Stützmuskulatur, Muskeln, die die Hauptlast in der Stemmphase übernehmen

Einsatzbeispiele:
Rehabilitative Therapie nach chirurgischer Intervention, Beheben von pathologischen Bewegungsmustern, Anbahnen von Bewegungsmustern bei neurologischen Ausfällen

Einschränkung:
Frakturen, Entzündungen, Schwellungen, akute Schmerzzustände, spastische Lähmungen und hochgradige Verspannungen

Ausführung:
Als Trainingsgerät hat sich das Trampolin als sehr günstig erwiesen. Dabei kann direkt federnd auf die Bewegung des Hundes Einfluss genommen werden. Bei größeren, gehunfähigen Hunden mit *Plegien* (Lähmungen) kann man auch einen Peanutball verwenden. Zudem sollten Sie unter den Peanutball noch eine rutschfeste Matte oder eine Unterlage legen, die einen größeren taktilen Reiz auf die Pfotenballen ausübt (nicht bei *Hyperästhesien*, sprich vermehrter Empfindlichkeit).

Ausführung mit dem Trampolin:
1. Wenn der Hund gehfähig ist, lassen Sie ihn einige Male auf das Trampolin und wieder hinuntersteigen. Bestätigt und gefüttert wird aber nur auf dem Trampolin! Wenn Ihr Hund nur teilweise gehfähig ist, unterstützen und ermutigen Sie ihn. Achten Sie allerdings darauf, ihn nicht zu überfordern.
2. Wenn Sie die Hinterhand trainieren müssen und der Hund es toleriert, können Sie hinter dem Hund breitbeinig auf dem Trampolin stehen (nicht über dem Hund). Dabei ist es sinnvoll, wenn eine Hilfsperson oder der Besitzer selbst vorne beim Hund steht.
3. Sie fangen nun ganz leicht an zu wippen und bestätigen und belohnen dies ein paar Mal. Selbst, wenn man keine Zeit zu verlieren hat, lohnt es sich, diese Übung für den Hund positiv aufzubauen.
4. Für die Vordergliedmaßen müssen Sie vor den Hund und mit den Händen die Bewegung initiieren. Evtl. können Sie ihn dafür hinten leicht erhöhen. Mit kleineren Hunden tut man sich da definitiv leichter.
5. Federn Sie 5-10 Mal, machen dann eine kurze Pause und wiederholen Sie die Sätze weitere 2-3 Mal je Trainingseinheit. Sie können über die nächsten Tage und Wochen langsam die Wiederholungen oder Sätze steigern.

Ausführung mit dem Peanutball:
Diese Variante wählen Sie für einen Hund, der nicht gehfähig ist, also volle Unterstützung braucht. Der Peanutball sollte so bemessen sein, dass jeweils nur eine handbreite Wegstrecke zurückzulegen ist, ehe der Hund mit den Pfoten den Boden berühren kann. Nehmen Sie als Unterlage eine griffige Matte oder eine Unterlage, die einen größeren taktilen Reiz auf die Pfotenballen ausübt - außer bei Hyperästhesien, also einer vermehrten Empfindlichkeit, bei der der Hund übersteigert auf Reize von außen reagiert (neurologische Erkrankungen).

1. In diesem Fall legen Sie den Hund bäuchlings auf den Peanutball und freuen sich wahnsinnig über diese Leistung.
2. Sie bewegen nun den Peanutball ganz langsam und vorsichtig vor und zurück oder eben nur da, wo es benötigt wird.
3. Das Aufsetzen der Pfoten wird jeweils bejubelt und recht rasch unter Wortsignal gesetzt, das wird im weiteren Verlauf immer als Gedächtnisstütze eingesetzt (zum Beispiel „Schön").
4. Die Anzahl der Wiederholungen des Auffußens und auch der Sätze ist sehr individuell. Nur sollten Sie in schweren Fällen mehrmals täglich trainieren beziehungsweise dem Patientenbesitzer auftragen.

Zu Stabilisierungszwecken kann man gut das Trampolin oder eine Matte nutzen und das Training 2-3 Mal wöchentlich mit anderen Übungen kombinieren.

MERKE

Sie müssen dem Hund derartige Übungen wahnsinnig gut verkaufen, damit auch er dafür Begeisterung finden kann. Dies betrifft vor allem auch die Besitzer, die oft voreingenommen sind und gleich sagen „Das klappt sowieso nicht!". Diese Kommentare haben im Training nichts verloren - weder gedacht, noch gesprochen!

ÜBUNGSVORSCHLÄGE-FÜR DIE HÄUFIGSTEN-KRANKHEITSBILDER

Natürlich hätten Therapeuten gerne für jede Erkrankung eine Behandlungsschablone. Aber auch wenn es oft die „üblichen Verdächtigen" sind, ist doch jeder Krankheitsverlauf sehr individuell und bedarf einer ständigen Anpassung der Übungen. Anbei finden Sie Anregungen für Übungen zu Erkrankungen, die sehr häufig in der Physiotherapiepraxis auftauchen. Wenn Sie nicht über die entsprechende Sachkenntnis verfügen, sprechen Sie die Übungen bitte mit Ihrem Therapeuten ab, damit Sie den Gesundheitszustand nicht unbeabsichtigt verschlechtern.

Über die Wiederholungszahl und die Häufigkeit der Trainingseinheiten finden Sie hier absichtlich keine genauen Angaben. Diese hängen von verschiedenen Faktoren wie Schweregrad der Erkrankung, Schmerzzustand, Alter und allgemeiner Fitness ab. Es gibt akute, subakute, chronische, prä- und postoperative Zustände, die berücksichtigt werden müssen. Wie gesagt – jeder Fall ist anders und sollte einer ganz individuellen Einschätzung unterliegen.

Ellbogengelenksdysplasie

Davon, wie undankbar das Ellbogengelenk in der Therapie ist, kann jeder Therapeut ein Lied singen. Da es ein Scharniergelenk ist, hat es nicht sehr viele Möglichkeiten, ein Problem zu umgehen. Außerdem (oder gerade deswegen) geht die Ellbogengelenksdysplasie sehr häufig mit der Hüftgelenksdysplasie einher und infiltriert sozusagen den ganzen Körper. Bei einem kranken Ellbogengelenk muss der Rücken entlasten und die Halswirbelsäule durch Nicken immer ausgleichen. Es tritt eine Überlastungsseite auf, die auch wechseln kann, wenn beide Seiten betroffen sind. Die äußere Schulterpartie weist eine atrophe Muskulatur auf, die Ellbogenbeuger verspannen, da Bewegung verhindert werden soll und durch die mehr oder weniger starke Valgusstellung entsteht ein Gewebestress auf die Muskeln und Bänder der gesamten Vordergliedmaßen. Damit ist natürlich noch nicht alles bedacht. Aber neben den Zehenarthrosen, die oftmals im Laufe der Jahre hinzukommen, sind dies die schlimmsten Gegner, denen man gegenübersteht.

Schwerpunkte im Training:

- *Körperwahrnehmung erhalten und fördern*
- *Gelenkbeweglichkeit erhalten*
- *Umgebende Strukturen entlasten*
- *Hinterhand als Motor aktivieren und falls möglich Gewicht von der Vorhand nehmen*
- *Rücken mobilisieren und dehnen*
- *Schulterbereich mobilisieren und dehnen*
- *Halswirbelsäule mobilisieren und dehnen*
- *Muskelaufbau im Schulterbereich der betroffenen Seite*

Ellbogengelenk-dysplasie	***Equipment***	***Bemerkung***
Plattformtraining	*mehrere Plattformen*	*Schulung der Körperwahrnehmung, gerne auch mit verschiedenen Untergründen - nur nicht wackelig*
Cavaletti-Training	*Cavaletti-Set (6 Stangen)*	*anfangs bodennah, dann maximal das unterste Pylonen-Loch nutzen, Abstand langsam vergrößern*
Isometrie am Schulterblatt	*keines*	*seitlich am Schulterblatt der betroffenen Seite (Muskelatrophie)*
Spanischer Schritt (oder Pfote geben)	*keines*	*Verbesserung Bewegungsausmaß und Dehnung der Schultermuskulatur*
Frontöffner	*keines*	*auch mit Seitenbetonung (Seitenneigung)*
Schulter-Move passiv	*keines*	*vor allem auch Überlastungsseite*
Side-Walk	*niedere Erhöhung*	*um die Hinterhand anzusprechen und die Abduktoren des Schulterblattes zu aktivieren*
Rücken-Mobil		*zur Entlastung der Wirbelsäule*

Der kraniale Kreuzbandriss

Der kraniale Kreuzbandriss (KKBR) beim Hund ist im Gegensatz zum Kreuzbandriss beim Menschen zu mindestens 90% degenerativ. Sehr häufig kommt es zur endgültigen Ruptur, wenn der Hund beispielsweise dem Ball hinterherjagt oder im Spiel mit einem anderen Hund über die Wiese rennt.

Alle Vorwürfe, die sich Hundehalter machen, sind völlig überflüssig, denn diese Krankheitsgeschichte dauerte schon längere Zeit an. Aber wie kommt es zum Kreuzbandriss?

Nicht selten ist eine Hüftgelenksdysplasie der Auslöser. Betroffene Hunde hebeln sozusagen die Hüftköpfe etwas aus der Gelenkpfanne heraus und lehnen sich an der Hüftmuskulatur an. Dies ist eine absolut nachvollziehbare Schmerzvermeidungsstrategie. Dadurch kommt es zu einer Fehlstellung, bei der die Kniegelenke weiter unter den Körperschwerpunkt gebracht werden. Dies erzeugt Stress auf die medialen Strukturen im Gelenk. Man kann es mit einem gewundenen Drahtseil, das nach und nach aufgespleißt wird und am Ende nur noch am seidenen Faden hängt, vergleichen. Weitere Gründe wie eine schlechte Bindegewebsqualität oder Kastration werden ebenfalls diskutiert.

Diese degenerative Kreuzbandkrankheit betrifft zu einem sehr hohen Prozentsatz beide Kniegelenke, was wiederum gegen eine traumatische Ursache spricht.

Die Vielzahl an Operationsmethoden zeigt, dass es DIE perfekte Lösung nicht gibt.

Abhängig von Größe, Aktivität, Alter und Gelenkwinkelung des Hundes sowie natürlich dem Geldbeutel des Besitzers wird die entsprechende Operationsmethode gewählt.

Ich persönlich habe noch keinen Kniepatienten erlebt, bei dem der Rücken völlig beschwerdefrei war. Daher lege ich von Anfang an viel Augenmerk auf die Entlastung der Rückenstrecker.

Weitere übliche Verdächtige sind der Lenden-Darmbeinmuskel (M. iliopsoas) durch eine vermehrte Hüftbeugung, die Ischiocruralmuskulatur, die Wadenmuskulatur (M. gastrocnemius) und der M. Quadrizeps femoris.

Durch den anfänglichen Zehenspitzengang verkürzen sich sämtliche Muskeln der Hintergliedmaßen und der Atrophie der Oberschenkelmuskulatur kann förmlich zugesehen werden. Da diese Muskulatur nun nicht gerade in bester Trainingsverfassung ist, sind dynamische Kraftübungen zunächst kein Thema.

GUT ZU WISSEN

Das kraniale Kreuzband begrenzt die Bewegung des Unterschenkels gegen den Oberschenkel. Die Ischiocruralmuskulatur arbeitet als Agonist des vorderen Kreuzbandes, die Wadenmuskulatur wiederum als Antagonist.

Folgenden Trainingsplan kann man postoperativ (nach Operation) gut empfehlen, sofern der Hund das Bein schon aufsetzt und der Heilungsverlauf als normal zu werten ist.

Schwerpunkte im Training:

- *Vordere Oberschenkelmuskulatur (M. quadriceps femoris): Mobilisierung, dann Aktivierung und Aufbau*
- *Ischiocruralmuskulatur: Dehnung/ Mobilisierung*
- *Wadenmuskulatur (M. gastrocnemius): Dehnung/Mobilisierung*
- *Äußere Oberschenkelmuskulatur: Aktivierung und Kräftigung*
- *Lenden-Darmbeinmuskel (M. iliopsoas): Dehnung/Mobilisierung*
- *Wiederherstellung der Gelenkbeweglichkeit des Kniegelenkes aber auch der anderen Gliedmaßengelenke des durch die Schonhaltung betroffenen Beines.*
- *Rücken: Dehnung/Mobilisierung*
- *Sensomotorisches Training*

KKBR post OP	***Übung***	***Möglichkeiten***
Woche 2: (subakute Phase)	*1. Plattformtraining „Einparken“ (isometrische Muskelarbeit) 2. Gangschulung im Schritt*	• *Stehübung* • *Steh mit Seitenneigung zur Flanke* • *Steh mit Kopf nach oben* • *Steh mit Kopf zur Brust* • *Isometrie am Oberschenkel* • *Belastung bestätigen*
ab Woche 3: (Umbauphase)	*Cavaletti-Training im Schritt*	• *bodennah und langsam*
ab Woche 4:	*auf 2 Targets stationieren Vorne leicht erhöht*	• *wie Plattformtraining siehe oben* • *leicht gestreckt*
ab Woche 5:	*Steh-Sitz-Steh (wenn Kniebeugung möglich)*	• *fester Untergrund*
ab Woche 6:	*Plank gestreckt und gebeugt*	• *feste Targets/Station*
ab Woche 8:	*alle Beine bewusst anheben rückwärts gehen*	• *auf Plattform*
ab Woche 10: (Organisationsphase)	*Verbeugen-Steh-Verbeugen alle Beine bewusst anheben Pivot up & down Sidewalk*	• *vorne fest/hinten wackelig* • *vorne fest/hinten fest*
ab Woche 14:	*Übungen mit Halbigelbällen evtl. nur Igel für Hinterbeine und vorne fest stationieren*	• *langsam versammeln* • *betroffenes Bein wird weiter vorne platziert (Igel vorschieben)*

Die Patellaluxation

Die Patellaluxation kommt überwiegend bei Kleinhunderassen vor und zeichnet sich durch eine plötzliche hochgradige Lahmheit aus, bei der das Bein für ein paar Schritte maximal gebeugt angehoben wird. Während des Hochhaltens befindet sich die Kniescheibe außerhalb der Gleitrinne (meist nach innen). Die Hunde zeigen in der Regel keine Schmerzreaktion und laufen nach kurzer Zeit wieder ganz normal.

In den meisten Fällen ist der Grund für diese Erkrankung eine zu flach ausgebildete Gleitrinne des Oberschenkels, in der die Kniescheibe (Patella) im normalen Bewegungsablauf auf und ab gleiten sollte.

Weitere mögliche Ursachen sind Traumata (Unfall), eine Achsenabweichung der betroffenen Gliedmaße, Muskelatrophie oder auch eine Verlagerung der Quadrizepsgruppe. Ein kurzzeitiges Auftreten während der Läufigkeit kann außerdem mitunter beobachtet werden.

Die meisten Hunde mit dieser Problematik leiden oft – vor allem im Lumbalbereich – unter Verspannungen der Rückenstrecker. Des Weiteren kommt es dadurch häufig zu ISG-Dysfunktionen (ISG = Iliosakralgelenk). Im weiteren Verlauf reagiert die Kniescheibe durch die häufige Verlagerung mit Osteophytenbildungen. Auch der dazugehörige Bandapparat kann Stressreaktionen aufweisen.

Allgemeines Trainingsziel ist ein guter Muskelaufbau der Quadrizepsgruppe und je nachdem, in welche Richtung die Kniescheibe luxiert, der äußeren (lateralen) oder inneren (medialen) Oberschenkelmuskulatur. Die Übungen finden hauptsächlich in der Sagittalebene sowie in der Transversalebene statt.

Desweiteren zeigen betroffene Hunde auch oft eine verkürzte Hüftstreckung, diese Bewegungsrichtung sollte regelmäßig angesprochen und die lumbale Partie mobilisiert werden.

Um die Situation nicht zu verschlechtern, muss die Kniescheibe während des Trainings in physiologischer Position verbleiben. Daher vermeiden wir bei häufiger Luxation Übungen, bei denen das Kniegelenk stark gebeugt wird.

Wenn Sie unsicher sind, lassen Sie dies durch einen Hundephysiotherapeuten kontrollieren.

Patellaluxation Grad 1-2	***Equipment***	***Bemerkung***
Balance und Stabilität >fest vorne und >wackelig hinten	*Vordergliedmaßen: Hocker Hintergliedmaßen: Balance-Pad*	*Schwierigkeitsgrad (hinten) langsam durch mehr Instabilität der Unterstützungsfläche erhöhen. Nehmen Sie zunächst eine Matte und später ein Balance-Pad.*
Angedeutetes Steh > Sitz Steh > Platz	*keines*	*Den Positionswechsel wirklich nur angedeutet, damit die Patella beim Training in Position bleibt.*
Isometrische Übung: Hände von vorne auf Quadrizepsgruppe legen	*keines*	*Eventuell vorne nur leicht erhöhen.*
Isometrische Übung: Hund gibt mit Hinterpfote Druck in die Hand	*keines*	*Pfote nur so weit anheben, dass die Handfläche darunter passt.*
Die Versammlung	*keines*	*Bitte nicht bei gravierenden Rückenverspannungen anwenden.*
Tauziehen am Peanutball	*Peanutball gesichert*	*Man kann auch zwei unterschiedlich hohe Peanutbälle im Wechsel einsetzen. Nicht, wenn Rückenmuskulatur sehr verspannt ist!*
Plank gebeugt	*2 Targets zum Stationieren*	*Patella-Luxationen gehen immer mit mehr oder weniger gravierenden Rückenverspannungen einher, daher Rücken immer miteinbeziehen.*

Die Hüftgelenksdysplasie

Die Hüftgelenksdysplasie oder Hüftdysplasie (HD) ist überwiegend erblich bedingt und führt durch eine unzureichende Übereinstimmung von Gelenkkopf und Gelenkpfanne zu einer Instabilität der Hüftgelenke. Sehr früh schon lernt der Junghund, den Schmerz zu „umlaufen" und bildet ein unphysiologisches Gangbild aus. Durch pathologische Bewegungsreize (bei jedem Schritt!) kommt es zu pathologischen Verknöcherungsreizen am Hüftgelenk sowie Sekundärveränderungen in entfernteren Regionen.

Es gibt Hunde, die unglaubliche Kompensationskünstler sind. Dennoch treten meist früher oder später Beschwerden am restlichen Bewegungsapparat auf. Das Körpergewicht wird zunächst auf die besseren Hintergliedmaßen oder direkt auf die diagonale Vorderhand verlagert. Da der Antrieb sozusagen defekt ist, wird vermehrt Schwung aus der Lendenmuskulatur erzeugt und der Hund zeigt einen charakteristischen Hüftschwung (Twist). Der Rücken wird oft sehr festgehalten und es kann zu vermehrtem Stolpern in der Vorderhand kommen, da diese Hunde in der Bewegung das Gewicht so spät wie möglich von der Vorderhand zurück auf die Hinterhand verlagern möchten.

Durch diese Überlastung kommt es häufig zu massiven Verspannungen der Schulterblattmuskulatur. Infolgedessen kommt es zu Einschränkungen der Bewegung in der Schulter. Durch die fehlende Stoßdämpfung sowie Beweglichkeit des Schulterblattes kommt es weiter zu einer Mehrbelastung und Fehlhaltung der übrigen distalen Gelenke bis hin zu Zehenarthrosen.

Je nachdem, wie stark die X-Beinstellung (kuhhessiger Stand) ausgeprägt ist, kommt es zu einer Überlastung der Knie, Stress am Bandapparat und in Folge nicht selten zum kranialen Kreuzbandriss.

Schwerpunkte im Training von Hüftpatienten:

- *Koordination (Orientierung, Gleichgewicht, Balance, Rhythmus)*
- *Gelenkbeweglichkeit und Flexibilität (Gliedmaßengelenke)*
- *Lendenwirbelsäule dehnen und stabilisieren*
- *Brustwirbelsäule und Halswirbelsäule mobilisieren*
- *Schulterblattmuskulatur dehnen und mobilisieren*
- *Kräftigung und Aktivierung der Hinterhand allgemein*
- *Aufbau und Erhalt der Oberschenkelmuskulatur (vor allem M.biceps femoris) und Hüftstrecker (Glutealmuskulatur)*

Hüftgelenks-dysplasie ***15 Minuten Workout***	***Equipment***	***Bemerkung***
Warm-up *2 Minuten Schritt gehen*	*keines*	*mal rechts und mal links geführt mit unterschiedlichen Tempi.*
2 Minuten Schritt gehen *mit 4-6 Cavaletti-Stangen*	*4-6 Cavaletti-Sets*	*vorher Stangenabstand ermitteln.*
Pivot up & down oder Elefantentrick	*2 Targets*	*vorne fest oder nur wenig wackelig, hinten nur machbare Hindernisse einbauen. Nicht überfordern!*
Pfoten-Pull	*2 Hanteln oder Tannenzapfen*	*zunächst nur im Sitz, dann auch mal in Steh-Position, beide Seiten abfragen. Gleichzeitig auch Training Hinterhand (auch im Sitz).*
Schulterblatt-Move passiv oder aktiv	*keines*	*bei hochgradigen Verspannungen im Schulterbereich* *Passive Variante wählen (Sitzposition).*
Rücken-Mobil	*keines*	*abgekürzte Variante:* *Steh › Seite › Steh › Seite › Steh › unten*
Frontöffner	*keines*	*abschließend*

Lumbosakrale Stenose (DLSS) / Cauda equina Kompressions-Syndrom (CECS)

Der lumbosakrale Übergang unterliegt auch schon ohne pathologische Veränderung großen Scherkräften. Neben degenerativen Veränderungen durch sportliche Überbelastung und genetischen Ursachen treten an diesem Wirbelsäulenabschnitt häufig Probleme im Zusammenhang mit Erkrankungen der Hintergliedmaßen auf. Hunde mit Beschwerden im lumbosakralen Übergang vermeiden Bewegungsübergänge, die mit einer Kraftentwicklung aus der Hinterhand einhergehen (Sprünge, Treppen…). Im Hundesport werden plötzlich Hürden taxiert, Stangen gerissen oder es wird komplett in ein Meideverhalten gegangen (Positionswechsel). Außerdem werden Wesensveränderungen, Berührungsempfindlichkeiten sowie Schmerzäußerungen beobachtet und sollten in diesem Zusammenhang ernst genommen werden. *Stenosen* im lumbosakralen Übergang können sehr schmerzhaft sein. Daher sollten diese Hunde neben einer medikamentösen Einstellung auch physiotherapeutisch betreut werden. Bei geringgradigen Schmerzen kann eine Entlastung der Rückenmuskulatur und der Flexorengruppe versucht werden. Bei geringgradigen neurologischen Defiziten im chronischen Verlauf sollten hauptsächlich Koordinationsübungen und Training der äußeren Oberschenkelmuskulatur auf dem Programm stehen. Vermeiden Sie unbedingt eine Überforderung und sprechen Sie Ihren Trainingsplan mit einem Therapeuten ab.

DLSS/CECS	***Equipment***	***Bemerkung***
Plattformtraining	*Mehrere Plattformen*	*Schulung der Körperwahrnehmung/ Koordination*
Tour de Balance	*Verschiedene Untergründe*	*taktile Reize setzen*
Cavaletti-Training	*Cavaletti-Set (6 Stangen)*	*anfangs bodennah, dann maximal unterstes Pylonen-Loch nutzen*
Ventral-Strecker	*zwei stabile Targets*	*schlechtere Seite mehr trainieren*
Schulter-Move passiv	*keines*	*vor allem auch Überlastungsseite*
Side-Walk	*niedere Erhöhung*	*um die Hinterhand anzusprechen und die Abduktoren der Hinterhand zu aktivieren*
Plank gebeugt	*zwei stabile Targets*	*Dehnung wenn möglich 10 Sekunden halten*
Dorsal-Stretch	*keines*	*Dehnung mindestens 10-15 Sekunden halten*

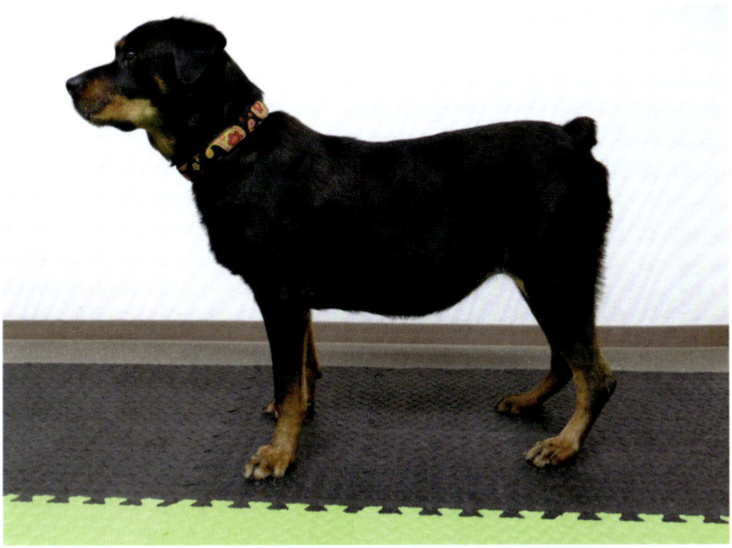

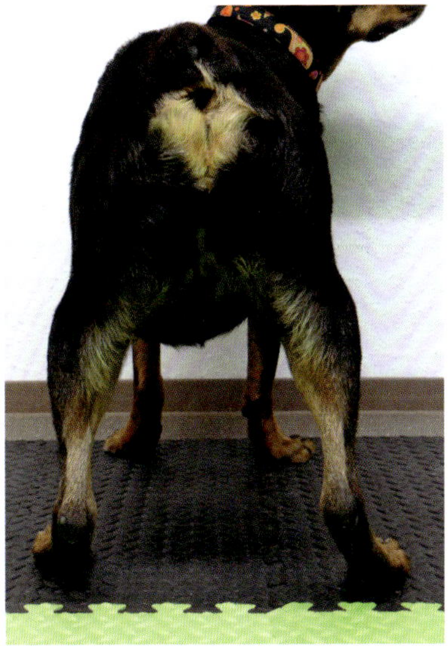

Beispiel: schwaches Bindegewebe

Diese ältere Rottweilerdame mit Cushing-Syndrom, einer krankhaft gesteigerten Produktion des Nebennierenhormons Cortisol, weist eine deutliche Bindegewebsschwäche auf. Mit gezieltem Training lässt sich diese Situation zwar nicht rückgängig machen, aber kleine Erfolge können dennoch erzielt werden.

Trainingsbeispiele:

1. Rücken anheben/Rückenstrecker aktivieren: Cavaletti-Training (S. 143)
2. Pfotenbeuger stabilisieren und kräftigen: Pfoten-Pull (S. 236) und leichte Balancearbeit (S. 132)
3. Hinterhand aktivieren, stabilisieren und kräftigen: Koordinationseübungen (ab S. 117), isometrische Übungen (ab S. 163)

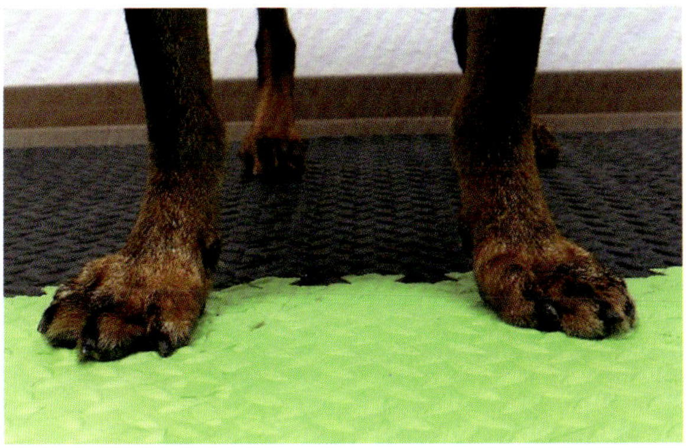

TRAININGS-PLANUNG UND TRAININGS-GESTALTUNG

Generell sollte man bei der Erstellung eines Trainingsplanes immer ein klares Ziel verfolgen. Nachdem Sie den Hund dem Fitness-Screening unterzogen sowie den Fitnessgrad ermittelt haben, sollten nun auch Faktoren wie die Einteilung nach Leistungsniveau, Alter, rassespezifische und individuelle Besonderheiten sowie körperliche Einschränkungen in die Planung miteinbezogen werden.

Der Schwierigkeitsgrad, die Ausführungsdauer und die Anzahl der Wiederholungen, die von der aktuellen Kondition abhängt, ist kein statisches Modell und bedarf einer regelmäßigen Anpassung. Wie bei allen sportlichen Betätigungen passt sich auch hier der Körper an die Herausforderungen im Training an und es wird irgendwann keine Verbesserung mehr erreicht.

Nun ist es an der Zeit, den Trainingsplan anzupassen und an den Schräubchen Schwierigkeitsgrad, Wiederholungsanzahl oder Intensität zu drehen. Mithilfe verschiedener Trainingsgeräte, Kombinationen oder einfach nur einer höheren Verweildauer in einer Position kann ein Trainingsplan ebenfalls wunderbar umgestaltet werden.

Ein guter Leitsatz im funktionalen Training bei Menschen lautet: „Bewegungen trainieren, nicht die Muskeln". Dabei sollten man auf die Qualität der Ausführungen und nicht die Quantität Wert legen.

Dokumentieren Sie Ihre Trainingsergebnisse in einem Trainingstagebuch. So haben Sie den Verlauf immer im Blick.

Mittlerweile gibt es Trainingstagebücher speziell für das Hundefitnesstraining (www.hundesporttrainingstagebuch.de)

Grundsätzliches und Wichtiges zum Trainingsaufbau

Das Trainingsfundament sollte in dieser Reihenfolge gemauert werden:

1. Beweglichkeit/Mobilität
2. Koordination
3. Kraft
4. Ausdauer

Dies ist die Reihenfolge, die sich über mehrere Wochen erstreckt und sind nicht die Inhalte jeder Trainingseinheit. Die Punkte 1-3 können Sie genau in dieser Reihenfolge in einem angemessenen Verhältnis in jedes Training einbauen. Streckungen, die länger gehalten werden, also die Muskulatur auf Stand-By schalten, werden hintenangestellt. Die Anzahl der Wiederholungen entnehmen Sie bitte dem jeweiligen Übungskapitel. Die Trainingsdauer je Einheit richtet sich nach Intensität der jeweiligen Übungen. Im Aufbau einer komplexen Übung ist es durchaus sinnvoll, die Übung zugunsten des Abspeicherns nach einer guten Ausführung zu beenden.

Das Drei-Punkte-Training

Das Training kann in drei grobe Abschnitte eingeteilt werden.

Ein Training beginnt optimalerweise immer mit einem Warm-up, das mehr oder weniger intensiv oder spezialisiert ausfällt, einem Haupttraining und einem Cool-down.

Das Haupttraining, das ähnlich aufgebaut wird, wird ebenfalls in drei Bereiche eingeteilt. Zum Beispiel beginne ich gerne mit leichten Target-Übungen, gehe dann zu Beweglichkeits-, Koordinations- oder Kraftübungen über und stelle ruhigere, statische Übungen sowie Dehnungen an das Ende der Trainingseinheit. Entscheidend ist für mich auch die Persönlichkeit meines vierbeinigen Trainingspartners. Diese wird ebenso in das Training miteinbezogen.

Wenn ich beispielsweise einen eher unmotivierten oder introvertierten Hund im Training habe, beginne ich mit Übungen, die diesem Hund viel Spaß bereiten oder mit mehr Geschwindigkeit absolviert werden können. Habe ich einen hibbeligen, aufgeregten oder jungen Hund, fange ich immer mit statischen Übungen an und achte allseits auf eine ruhige Trainingsatmosphäre. Es ist absolut entscheidend, dass wir uns nicht von der Hektik unseres Hundes anstecken lassen. Gerade bei diesen Hunden ist eine Ruhestation sehr zu empfehlen und eine gut durchdachte Trainingseinheit ist enorm wichtig.

Einteilung: Jahresplan/Wochenplan/Übungseinheit

Wochenplan	*Übung*
Montag	*Ruhetag/nur lockere Spaziergänge ohne Programm*
Dienstag	*Fitnesstraining*
Mittwoch	*Ruhetag/nur lockere Spaziergänge ohne Programm*
Donnerstag	*Ausdauertraining: Joggen, Radfahren, Schwimmen*
Freitag	*Training auf dem Hundeplatz etc.*
Samstag	*Fitnesstraining*
Sonntag	*Wanderung, Ausflüge*

Belastung und Erholung

Für den Anfang ist ein kontinuierlicher Trainingsplan über mindestens 8-10 Wochen wichtig. Anfänger starten drei Mal pro Woche mit kleinen Trainingseinheiten und können später mit einem Training von zwei Mal pro Woche das Trainingsniveau halten. Zur Leistungssteigerung für Fortgeschrittene sollte man drei Mal Training pro Woche mit Schwerpunktverschiebung einplanen.

Die Ermittlung der optimalen Belastung und Erholung ist beim Menschen Gegenstand von wissenschaftlichen Forschungen. Der Körper braucht eine gewisse Zeit zur Wiederherstellung des Stoffwechselsystems und für kleine Reparaturmaßnahmen im Gewebe. Wartet man aber zu lange, kann das Leistungsniveau wieder absinken. Die Erholungszeit richtet sich nach dem angebotenen Reiz. Aber auch individuelle körperliche Voraussetzungen spielen eine Rolle und lassen somit beim Hund nur grobe Richtwerte zu. Bei mittlerer bis hoher neuromuskulärer Belastung sollten Sie daher mindestens eine Trainingspause von 24 Stunden einlegen, jedoch sollte innerhalb der nächsten 72 Stunden ein erneuter adäquater Trainingsreiz erfolgen, damit das Trainingsniveau nicht absinkt.

Schwerpunkte im Training von Welpen/Junghunden

- *Einschätzen von Höhen und Tiefen (Klettern)*
- *Körperwahrnehmung (zum Beispiel Körpertargets)*
- *Verschiedene Untergründe und Spielen auf ungewöhnlichen Bodenbeschaffenheiten*
- *Angelegte Bewegungsmuster erhalten*
- *Nicht angelegte Bewegungsmuster erlernen (zum Beispiel Rückwärtsgehen)*
- *Rhythmusfähigkeit erfahren*
- *Einzelne Pfoten mit Targets bewusst machen*
- *Konzentrationsübungen*

Trainingslänge bei Welpen: ca. 10-15 Leckerchen lang oder 1 Minute pro Lebensmonat

Schwerpunkte im Training von Senioren

- *Gelenkbeweglichkeit erhalten und verbessern*
- *Bessere Beweglichkeit von Schulterblatt, Schulteraufhängung sowie Brustbereich*
- *Muskelerhaltung*
- *Verbessertes Körperbewusstsein, vor allem Hinterhand*
- *Entspannung überlasteter Strukturen*
- *Kognitive Förderung/Koordinationsfähigkeit*

Überforderung vermeiden, eher kurze Einheiten und Training abwechslungsreich gestalten

Training in der Rehabilitationsphase

Es ist sehr wichtig, dass die entsprechenden Übungen vom Fachmann oder der Fachfrau „abgesegnet" werden und der Verlauf regelmäßig überprüft wird. Als Laie ist es sehr schwierig, die Komplexität der Bewegungsabläufe einzuschätzen. Daher ist gerade im Rehabereich große Vorsicht geboten. Nach einer Pause oder einer Verletzung sollte man generell immer sanft einsteigen. Es reicht anfangs aus, mit nur zwei bis drei Übungen mit wenig Wiederholungen und geringer Intensität zu starten. Im Normalfall liegt das begleitende Training in Heimarbeit zur physiotherapeutischen Behandlung bei zwei bis vier Mal pro Woche. Neurologische Erkrankungen (auch nach chirurgischer Intervention) erfordern meist ein höheres Trainingspensum. Bei akuten Fällen kann dies ein Training von bis zu drei bis vier Mal täglich bedeuten.

An dieser Stelle möchte ich auf große Vorsicht bei Hündinnen in hormoneller Aktivität und nach der Geburt hinweisen. Das Bindegewebe ist durch den Hormoneinfluss deutlich anfälliger für Verletzungen, was durchaus Raum für Diskussionen zulässt, wenn wir an Starts von läufigen Hündinnen im Leistungssport denken.

Die Heilungsphasen und Regeneration von Bindegewebe

Die Wundheilung ist in verschiedene Phasen eingeteilt, wobei der Ablauf der Heilung sehr stark variieren kann und vor allem von der Gewebeart abhängig ist. Sehnen, Bänder und Knorpel benötigen aufgrund mangelnder Durchblutung eine sehr lange Reparaturzeit. Im Gegensatz zu Knochengewebe erlangt Sehnen- und Knorpelgewebe nie wieder seine ursprüngliche Belastbarkeit. Die Zellen, die Matrix und kollagene Fasern formieren sich wieder ihrer Funktion entsprechend. Diese Phase ist abhängig vom Ablauf der ersten Phase der Wundheilung.

Phase		**Tag**	
1.	*Entzündungsphase/ vaskuläre Phase*	*Tag 0 - 2*	
2.	*Zelluläre Phase*	*Tag 2 - 5*	*vermehrter Austritt von Plasmaflüssigkeit, Kollagenproduktion mit den klassischen Entzündungszeichen (Schmerzen, Rötung, Schwellung, Wärme)*
3.	*Subakute Phase/ Proliferationsphase*	*Tag 5 - 21*	*Granulationsphase – neues Bindegewebe wird durch Zellteilung gebildet*
4.	*Umbauphase/ Konsolidierungsphase*	*Tag 21 - 60*	
5.	*Organisationsphase*	*Tag 60 - 360*	*Die Zellen, die Matrix und kollagene Fasern formieren sich wieder ihrer Funktion entsprechend. Diese Phase ist abhängig vom Ablauf der ersten Phase der Wundheilung*

ANHANG UND SERVICE

Die Mitwirkenden

BARNEY
LABRADOR RETRIEVER
JUNE
AUTRALIAN KELPIE
KYLIE
AUSTRALIAN KELPIE

Glossar

Agonist: Muskel, der eine Bewegung bewirkt, die der des Antagonisten entgegengesetzt ist

Antagonist: Muskel, der dem Agonisten entgegenwirkt

Außenrotation: Drehbewegung einer Extremität nach außen weg

auxoton: bei Kontraktion ändern sich gleichzeitig Länge und Spannung

distal: körperfern

Durchtrittigkeit: Überstreckung der distalen Gliedmaßengelenke

Gymnastizierung: lockern, geschmeidig machen

Hinterhandwinkelung: beschreibt das Maß der Gelenkbeugung im Stand

hyaliner Knorpel: eine Form des Knorpelgewebes, die sich hauptsächlich im Gelenkknorpel befindet

Hyperästhesie: Überempfindlichkeit für Berührungsreize

Hyperextension: Überstreckung

inkongruent: nicht passend

KKBR: kraniale Kreuzbandruptur

kontraktil: fähig sich zusammenzuziehen

Kreuzbandruptur: Riss eines Kreuzbandes

Kurvaturen: leichte Aufwölbung oder Krümmung

Kyphose: Wirbelsäulenverkrümmung nach oben (Rundrücken)

latent: nicht unmittelbar sichtbar oder zu erfassen

Ligament: festes Band aus Bindegewebe

Lordose: Verkrümmung der Wirbelsäule nach unten (Senkrücken)

lumbosakraler Twist: schaufelnde Vorwärtsbewegung aus dem hinteren Rückenbereich

Motoneuron: ausführende Nervenzellen, die die Muskulatur des Körpers versorgen

Muskelatrophie: Muskelschwund

Muskeltonus/Muskelgrundtonus: in Ruhe aufrechthaltender Spannungszustand des Muskels

Myoglobingehalt: Muskelproteingehalt, der verantwortlich für den Sauerstofftransport im Muskel ist

Myofaszie: die Muskeln und die Faszie betreffend

neuromuskuläres Training: Training des Zusammenspiels von Muskel und Nerven

neurotroph: auf die Nerven einwirkend

Pfotenschleifen: Schwierigkeit beim Gehen die Zehen zu strecken und rechtzeitig aufzufußen (neurologischer Hinweis)

Pfotenstreifen: Streifen der Pfotenballen am Boden durch mangelnde Abhebbarkeit der Gliedmaße (orthopädischer Hinweis)

Plegie: Lähmung

Propriozeption: Wahrnehmung der körpereigenen Stellung/Lage im Raum

Piloarrektion: Aufrichtung der Behaarung

Riechepithel: Gewebe zur Aufnahme von Gerüchen

Sichelfuß: gebogener Mittelfuß

Sarkomere: kleinste funktionelle Einheit der Muskulatur

segmentalreflektorisch: Fernwirkung in einem Segment

subakut: Zwischenstufe zwischen akut und chronisch

Spondylarthrose: degenerative Veränderungen der Wirbelbogengelenke der Wirbelsäule

Stenose: Verengung

Synapse: Kontaktstelle, an der eine Nervenzelle mit einer weiteren Zelle in Kontakt treten kann

synergistisch: zusammenwirkend

Thorakale Muskelschlinge: Muskeln, die das Schulterblatt bewegen und diese am Brustkorb fixieren

Thorakolumbaler Twist: schaufelnde Vorwärtsbewegung aus dem mittleren Rückenbereich

Umstellungsosteotomie: chirurgisches Verfahren, bei dem Knochen durchtrennt und neu zusammengesetzt wird (Winkelkorrektur)

Valgusstellung: Gliedmaßenfehlstellung, die über das Normalmaß hinaus von der Mittellinie weg weist (Pfoten nach außen zeigend)

Varusstellung: Gliedmaßenfehlstellung, bei der es zu einer O-beinigen Beinstellung kommt (Pfoten zeigen nach innen)

Literatur und Quellenverzeichnis

Anatomie-Gymnastizierung-Muskelaufbau – Gillian Higgins

Anatomy Trains: Myofasziale Leitbahnen – Thomas W. Myers

Beute-Faber, Atlas der Hundeanatomie, Kynos Verlag

Balancetraining – Vlado Suchter

Bewegungsapparat Hund – Mima Hohmann

Biologie-Anatomie-Physiologie – Nicole Menche

Biomechanik und Physiotherapie für Pferde – Helle Katrine Kleven

Cavalettitraining für Hunde – Steffi Rumpf

Das intelligente Gehirn. Zum Einfluss von Ernährung und Sport auf die neuronale Entwicklung und kognitive Leistungsfähigkeit von Kindern - Studienarbeit GRIN Verlag

Das neue Konditionstraining – Grosser/Starischka/Zimmermann

Der Muskelguide ohne Geräte – Daniel Gärtner

Der neue Körperführerschein – Joachim Auer

Functional Training – Michael Boyle

Ganzheitliche Schmerztherapie für Hund und Katze – Markus Kasper/Andreas Zohmann

Hunde in Bewegung – Martin S. Fischer und Karin E. Lilje

Kräftigen und Dehnen – Schwichtenberg/Jordan

Manuelle Therapie beim Hund – Sabine Hàrrer

Physikalische Medizin, Rehabilitation und Sportmedizin auf den Punkt gebracht – Barbara Bockstaller, Kathleen Wittek, David Lavine, Johann Maierl, Darryl Mills

Physiotherapie und Bewegungstraining für Hunde – Sabine Mai

Praxisbuch funktionelles Training – Dirk Erhardt

Praxisbuch Hundefitness – Sandra Rutz und Carmen Heritier

Sportphysiotherapie für Hunde – Silke Meermann und Christiane Gräff

Verstärker verstehen – Viviane Theby

Vom Körperbau des Hundes – Eric H. W. Aldington/Friederun Stockmann

Vom Welpen zum Sporthund – Claudia Moser

Bildnachweis

Alle Fotos *www.Tierfotografie-Winter.de*, außer die folgenden Bilder:

Bernhard Bock, Präparator; Friedrich-Schillder-Universität Jena
Institut für Zoologie und Evolutionsforschung mit Phyletischem Museum:

S. 35, 39, 57

Sandra Rutz
S. 24, 60, 64 (links), 180 (Outdoor), 221, 228-232, 256, 299

Stefanie Wenzig
S. 106, 107

MK Fotokunst Michaela Köhler
S. 31, 37, 46, 48, 51, 54, 55, 64 (rechts)

Lisa Fabrig
S. 42

Cordula Weiß
S. 44

Atlas der Hundeanatomie
S. 64, 65

Andrea Pfalzgraf
S. 84

AdobeStock@Irina
S. 49

AdobeStock@Carola Schubbel
S. 47

Sonstige Unterlagen

Denise Nardelli - Tricktraining (www.dogdance.de)

Bobbie Lyons und Daniele Hall - Senior Puppy Workshop (www.pawsitive-performance.com)

Bobbie Lyons und Daniele Hall - Canine Conditioning (www.pawsitive-performance.com)

Bobbie Lyons und Daniele Hall - Cavaletti Training (www.pawsitive-performance.com)

Pat Hastings - Structure in Action

Tino Gäding - Functional Training und Rehabilitation

Bezugsadressen

Ich möchte mich an dieser Stelle bei der Firma TOGU bedanken, die mich bei der Entstehung dieses Buch mit der Bereitstellung einiger Produkte unterstützt hat.

www.TOGU.de

Dogstepper

Ein Trainingstool, das man wirklich vielseitig einsetzen kann und durch sein geringes Gewicht prima auf Reisen mitgenommen werden kann.

www.dogstepper.com

Hannis Ball-Shop

Hier findet man einfach alles rund um das Fitnesstraining mit dem Hund.

www.hannisballshop.de

Trainings-Tagebücher

www.hundesporttrainingstagebuch.de